JN029884

# 恐竜ガールと情熱博士と

福井県立
恐竜博物館
誕生秘話

祓川 学［著］

小学館

# もくじ

恐竜(きょうりゅう)ガールと
なぞの石(いし)

二〇二〇年、
福井県立
恐竜博物館。
ゴルァァ

ひさしぶりだわ。
ガヤ
ガヤ
松田亜規さん

あのとき私が拾った石が、すごいことになったわね。
ふふっ

開館して二十年、
来場者数は一千万人を超え、
今日も世界中から
多くの人がおとずれる。
アァ

一九八二年、夏。

亜規さん、中学二年生。
お父さん、あとどれくらい？
ははは、もうすぐ着くさ。

亜規さんが家族とやってきたのは、桑島化石壁。
ここは大昔の植物の化石がよく見つかる場所なんだ。
すごいなあ！
化石とは、大昔の生き物や足跡などが石になったもの。

この中に化石が？不思議だねー。

どうだい？化石ってのはロマンがあるだろう？
うん！
大昔にタイムスリップしたみたい！

何か化石見つかるかな？

……しかし。
だめだあ、全然見つからない。
ぼく、つかれたー！

おーい、そろそろ帰るぞ！
はーい……。

コツン
ん？

この石……。

ほかの石と
ちがって、
なんだか
不思議な
ふんいき……。

よく見ると、
ちょっと
ひびも
入っていて、
手でも
割れるんじゃ
ないかな……。

うーん！

パ
キ

わあ……！

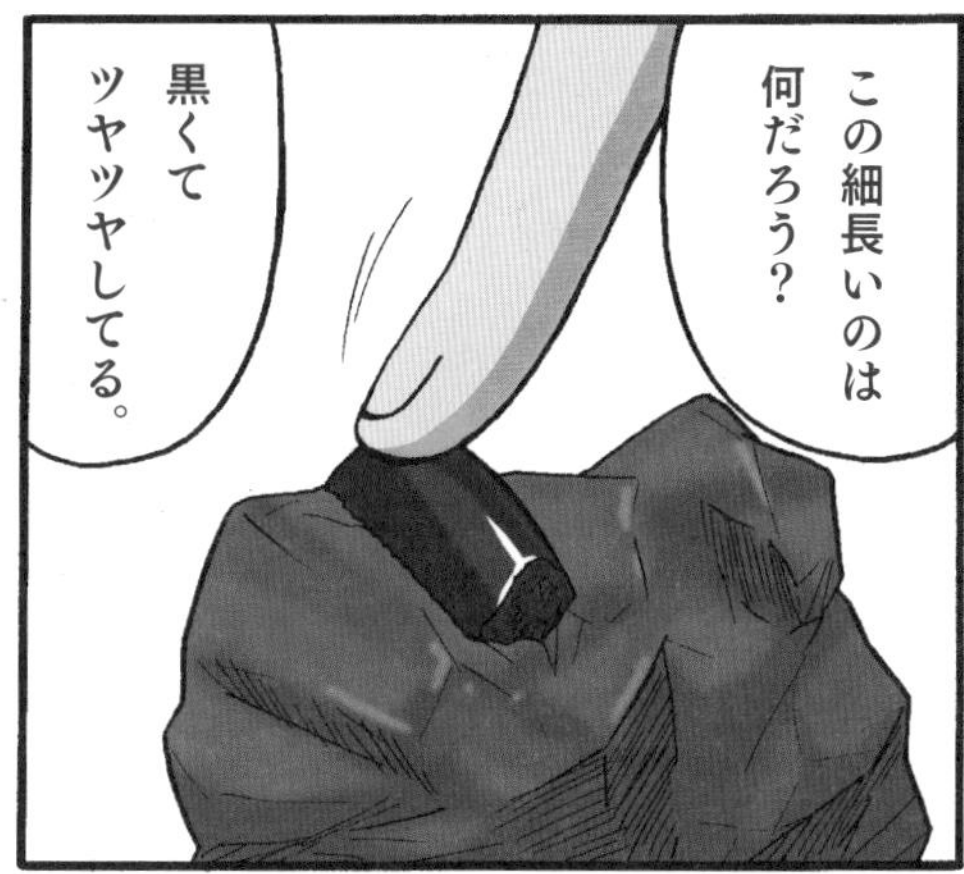
この細長いのは何だろう？
黒くてツヤツヤしてる。

もしかしたらすごい化石かも！
大切にしまっておこう。

亜規さんが拾った不思議な石は、
大切にしまわれたまま三年がたちました。

一九八五年、夏。亜規さんのいとこがおばさんといっしょに遊びに来ました。
奈緒美ちゃんいらっしゃい！

私、夏休みの自由研究に化石採集をやってるんだ。

名前をつける会に行くけれど、ついでに何か調べようか？
あっ、そういえば……。

名前をつける会は、
岩石や化石の名前を
教えてくれる
イベントです。
ガヤ
ガヤ
名まえを
つける会

大発見が
ありますかね？
あると
いいですね。
荒木哲治（あらきてつじ）さん

あのー
いとこが
めずらしい石を
見つけたので、
調べて
もらえますか？

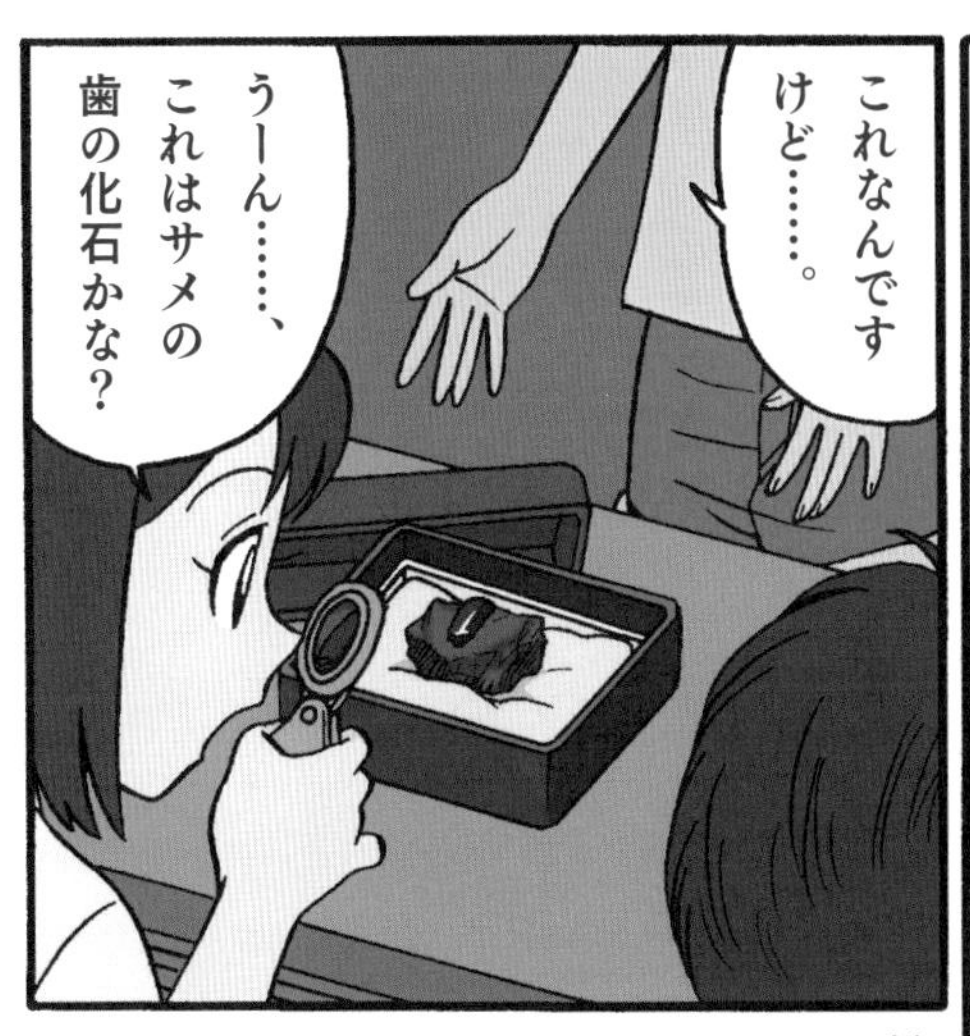
これなんです
けど……。
うーん……、
これはサメの
歯の化石かな？

ちょっと見せてもらえますか？

！

これは、サメではなく、
もしかすると……！

もう少し調べてみますので、これを預かってもいいでしょうか？
ええ、何かあればしんせきの子にご連絡ください。

福井県立博物館。
これが持ちこまれた化石か。

地質・古生物 学芸員
東洋一さん
ガタン
!!

のこぎりのようなギザギザ!
肉食恐竜の歯だ!!

すぐに大学で調べてもらおう!!
おどろくような大発見になるかもしれない……!!

…そして。
プルルル…
ガチャ
はい、東です。
東さん!!
これは肉食恐竜の歯ですよ!!
鑑定結果。メガロサウルスのなかま。

全長9メートル
体重900キログラムの
肉食恐竜。
太い二本の脚で
歩きます。
手足にはかぎ爪が
ついており、
草食恐竜などを
食べていたと
いわれています。

亜規さんの家。
亜規ー、電話だよー！

亜規さん、あなたが発見した化石は恐竜の歯だったんです!!
えっ!?

すばらしいものを見つけてくれてありがとうございます!!

あっ…はい、恐竜。
お役に立ててよかったです。

すごいことなのに……、もうちょっと喜んで……。

記者会見。
新聞社です。亜規さんにインタビューを!!
テレビですが、拾ったときの様子を!!
いまのお気持ちを!!
恐竜について!!

パシャ
パシャ
パシャ
パシャ

亜規ー、テレビ見たよ!!
すごいねー!!

すっごくきんちょうしたよー！
ワイワイ
かわいく映ってたよ!!

亜規がメガロサウルスを見つけたんだから、
恐竜ガール“アキザウルス”だね。

あはは、何それー！

亜規さんが見つけた小さな恐竜の歯化石は、日本一の恐竜博物館の誕生のきっかけとなるのです——。
獣脚類の歯

これは、小さな石の大きな可能性に
情熱を注ぎ、あきらめなかった博士と、
それを支えた多くの人々の実話です。

# 第一章 少年・洋一とクジラの骨（ほね）と

## 山の中にクジラ現（あらわ）る？

一九五九年七月。広島県呉市（くれし）。

「おーい、東（あずま）。化石に興味（きょうみ）はあるかい？」

塾（じゅく）の休み時間、東とよばれた少年は、友だちとメンコの話をしていましたが、塾（じゅく）の先生の『化石』という言葉を聞いて、パッとふり返りました。

「先生、化石って、アンモナイトとか？」

「そうだ。今度の日曜日、西城川（さいじょうがわ）へ化石発掘（はっくつ）に行こうと思っているんだが、み

んなで行ってみんか？」

化石とは、大昔の生き物や足跡なども石になって地中に残されている、貴重なものです。

先生は、大学で地質学を勉強していて、化石が見つかることで有名な広島県庄原市の西城川にも、調査に通っていました。

「すげえ、おもしろそう。行きたい、行きたいです！」

少年たちは目をかがやかせながら答えました。

「でも、行くとなったら朝は早いぞ。おうちの人に相談してみるように」

先生は笑顔でうなずいていました。

少年の名前は、東洋一（あずまよういち）くん、十歳（さい）。メンコ、ビー玉、どうくつ探検（たんけん）が大好きな小学五年生です。

洋一くんは、塾（じゅく）から帰ってすぐに、お父さん、お母さんに話します。

「あのね、今度の日曜日、塾（じゅく）の先生から西城川（さいじょうがわ）へ化石を探（さが）しにいっしょに行ってみないかとさそわれたんだけど、行ってもいいかな。西城川（さいじょうがわ）は大昔の貝や生物の化石が見つかる場所なんだって！」

洋一くんはドキドキしながらお父さんの返事を待ちました。

「ほほう、楽しそうじゃないか。どんな化石が採（と）れたか、あとで父さんにも教えておくれ」

「いいの？　やった！　ありがとう」

洋一くんが目をかがやかせて喜んでいる様子を見て、

「何時に家を出発するの？　朝早いんでしょ、お弁当をつくらないとね」

と、お母さんも賛成してくれました。

日曜日の朝、洋一くんは呉駅で、先生と友だち三人と合流し、列車に乗りこみました。行き先は、広島県内の備後庄原駅です。片道六時間もかかるほどの遠い目的地でした。

「やっと着いたぞ」

洋一くんは、目の前の西城川の水面がキラキラ光るのをながめました。

広島県北部、盆地を横断する西城川の河原は、大昔の地層がむき出しになっているのが特徴で、貝化石が数多く産出するなど、地質学の専門家の間でも知られた場所でした。

「いいか、みんな。ここに滞在できるのは四時間ぐらいしかない。がんばって多くの化石を見つけよう」

「はーい！」

洋一くんと友だちは、これから始まる目の前の化石探しのことで頭がいっぱいになり、列車で六時間乗ってやってきたつかれや、かたいイスに座っていたおしりの痛みはすっかり忘れてしまいました。

先生からハンマーとタガネを使って石を割る方法を教えてもらいます。

「まずは、よく石を観察することが大事だぞ。」

洋一くんは、河原のいろいろな石の形や色のちがいをよく見ながら、石を割ってみようとしますが、なかなか思うようにいきません。

それでもあきらめずにくり返していると、少しずつ慣れてきて、だんだんと手早く石を割ることができるようになりました。洋一くんは、きれいに割れるたびにおもしろくなって、どんどん夢中になっていきました。

（何かの化石を、かならず見つけてみせるぞ）

カンカーン、カンカーン、パキャ。

「先生？　これはどうですか？」

洋一くんや友だちは、割（わ）れた石を先生に見せますが、

先生は首を横にふるだけです。

気がつくとあっという間にお昼も過（す）ぎ、ギラギラした太陽が照りつけます。

目的の化石が見つからず、成果が出ないため、先生が声をかけました。

「みんな、ちょっと別の場所へ移動（いどう）してみようか」

「はーい……」

洋一くんたちの声は、ちょっぴり元気がなくなっていました。

みんなで河原（かわら）をとぼとぼと歩いていたときです。

洋一くんの前を歩く友だちが、何かにつまずいて、転びそうになりました。

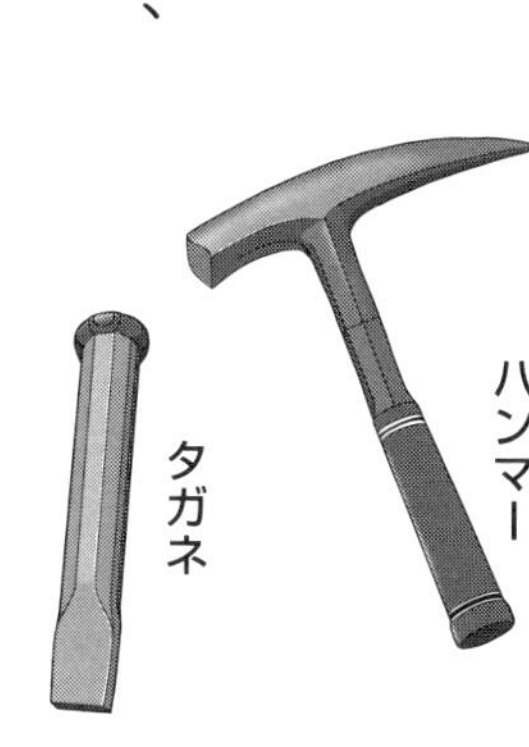

「あぶねー」

「どうしたの？」

友だちの背後（はいご）にいた洋一くんは、心配して声をかけました。

「この石に足がひっかかったみたいで、転びそうになったんだ」

洋一くんは友だちが指さす地面を見つめて、（おやっ？）と思いました。

「なんだ、これ？」

洋一くんは、友だちのつま先に転がっている石をひょいと取り上げて見てみました。

それは、スポンジの断面（だんめん）のように穴（あな）が空いた、スカスカの石ころでした。あめ色や黒い色がまじっていて、不思議な石に見えます。

「いままで見た石と、なんだかちがうような気がするなあ。先生、こんな石を見つけました」

洋一くんがその石を見せると、先生はカッと目を見開きました。

「東、こ、これはどこで拾った……？」

先生は一瞬、絶句したものの、鼻の穴を広げて大声を出しました。

「これは、クジラの骨かもしれないぞ！」

「えっ？　クジラ？　まさか、海で泳いでいる、あのクジラですか？」

「なんで山の中にクジラがいるの？」

キョトンとする洋一くんと友だちは、思わずおたがいに目を見合わせます。

「以前、大昔のクジラの骨の化石がここで見つかったと、報道されたことがあるんだ。これもクジラの骨の可能性があるということだ！　すごい発見になるかもしれない」

『クジラの骨』という言葉を聞いた洋一くんは、黒いあめ色の石を見つめます。

（この石に、クジラがいるかもしれない）

石の中からクジラが泳ぐ音が聞こえたような気がして、胸のドキドキが速くなります。

「みんな、この化石が落ちていたあたりに、もっとクジラの骨がうまっているかもしれない。重点的に調べてみよう」

みんなは元気を取りもどして、もっとすごい化石が見つかるかもしれないと、わくわくしながら石を割っていきました。

そして、夕方四時前。先生が声をかけました。

「そろそろ、ここを出発しないと列車に間に合わなくなる。おしまいにしよう。みんな、よくがんばったな」

先生とみんなは、発掘した化石と思われるいくつかの小さな石をふくろにつめこみ、列車に乗せて持ち帰りました。

「この石は、大学の地質学専門の教授に調べてもらうことにする」

と、先生は、洋一くんたちに約束をしました。

（地質学？　どんな研究なんだろう。化石を調べる先生がいるのかなあ？）

洋一くんは、初めて聞いた言葉に興味を持ちました。

数日後。

洋一くんが塾へ行くと、先生がほほえんでいました。

「みんな、この前の西城川で見つけた化石だけど、やっぱりクジラの化石で、あばら骨の一部だったよ！」

「えっ、本当にクジラの骨だったんですか！　瀬戸内海からこの山まで、クジラが川をさかのぼってきたってことですか？」

洋一くんは、どうしても、納得がいかない様子でした。

「どうして海でくらすクジラが、山にいるんだろう？」

先生は、不思議がっている洋一くんに説明をします。

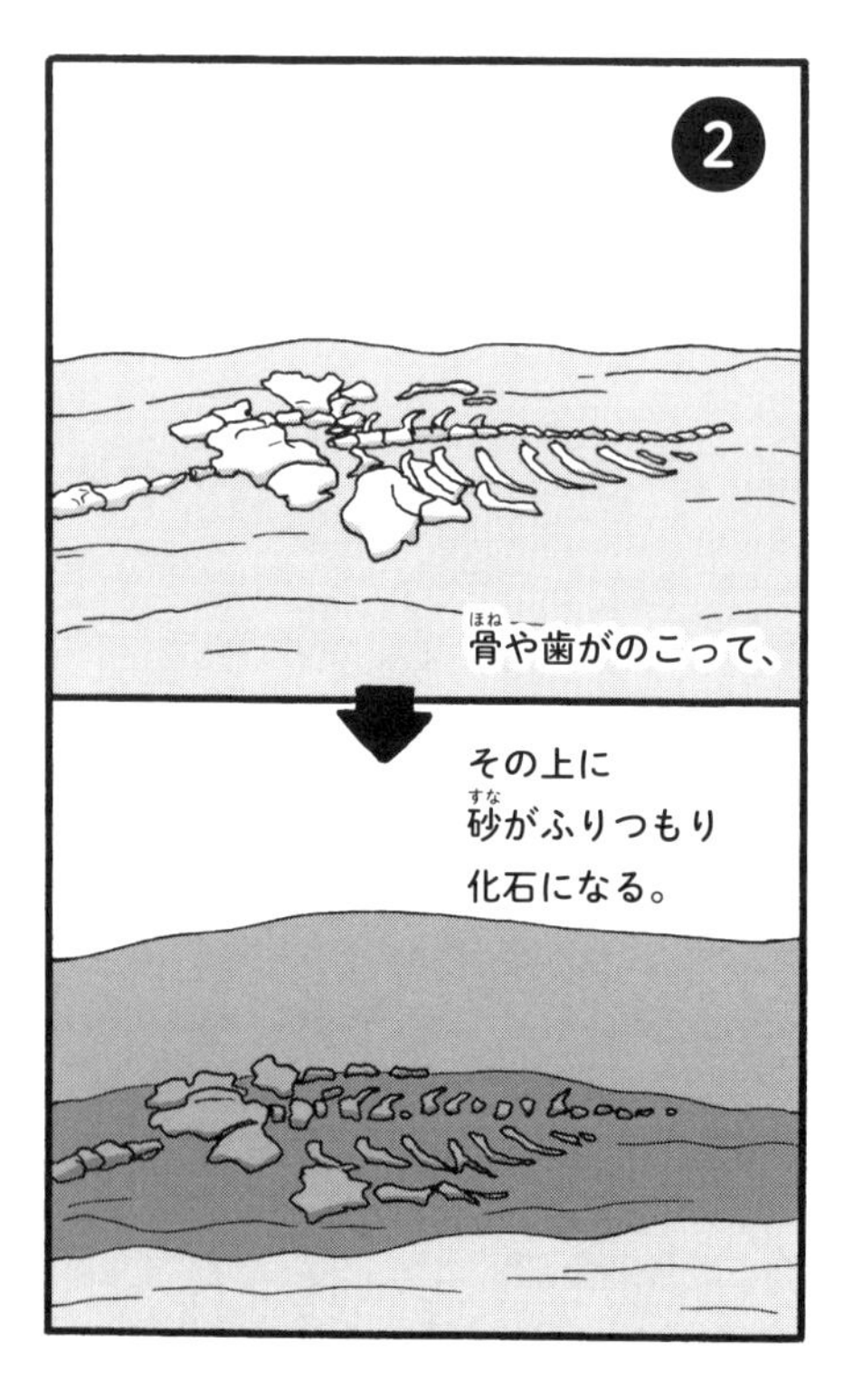


「❶大昔、約千五百万年前に海でクジラが生きていた。クジラは死んで海底にしずむ。❷体の肉や内臓はくさって、骨や歯のかたい部分が残ったんだ。その上に土や砂がつもり、長い時間をかけて、かたい石のように変化する。❸大陸の移動や火山の噴火などによってその地面がおし上げられ、陸地になったのが、西城川のあたりなのだろう。そし

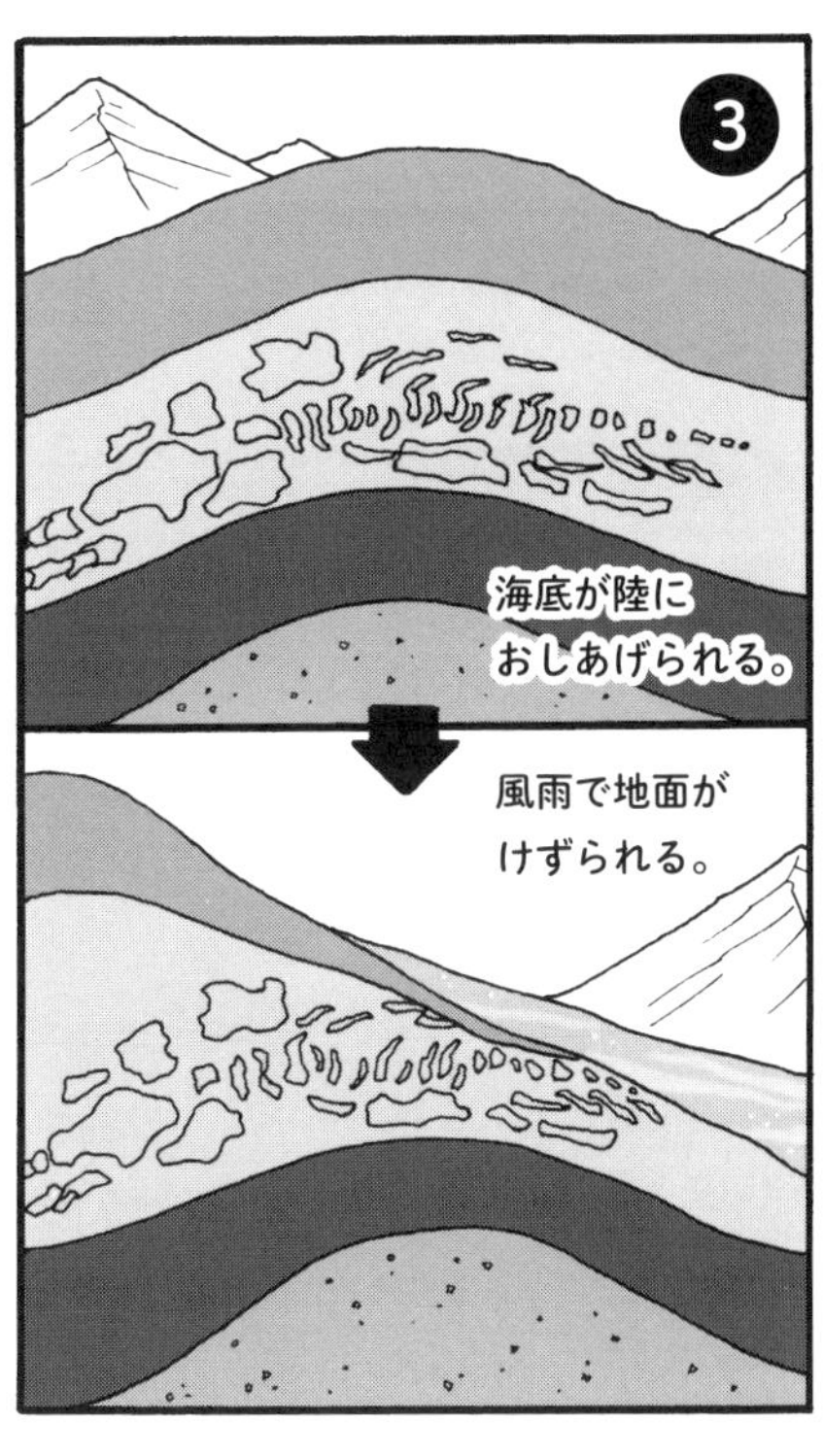

て、長い長い年月をかけて、その地面が雨や風に削られていく。❹そうして今、化石の一部が人間によって発見されるというわけだ」

「ふーん、だから山の中で、海のクジラの化石が見つかったんですね」

　西城川の河原で拾ったあめ色の石が、何かを語りかけるようにキラキラと光っていたことは、その後ずっと、洋一くんの心の真ん中に大切にしまわれました。

（まさか、大昔のクジラの化石が見つかるなんて想像もしていなかった。もっと研究すれば、だれも見たことのない、おどろくような化石が発見できるかもしれない……）

小学五年生のときに山の中でクジラの骨の化石を見つけて以来、東洋一くんは、中学、高校、大学と、考古学や地球科学を熱心に勉強し、時間を見つけては各地の地質調査を研究することに没頭していきました。
そして、福井大学を卒業し、小学校の先生として二年勤めたあと、福井県立博物館を開館する準備のために福井県教育委員会の職員になりました。

## 古代ワニが見つかった！

一九八二年、福井県。

六月のある日、三十三歳になった東さんのもとに、勝山市教育委員会から電話が入りました。

「千葉大学の前田四郎先生から連絡がありました。中国の南京地質古生物研究所の顧知微先生が、福井県勝山市の地層でトリゴニオイデスという貝の化石を採集しにいらっしゃいます。勝山市には地質の専門家がいないので、県の教育委員会で協力してほしいのです」

そこで地質学を専門にしていた東さんが対応することになりました。

顧先生と前田先生の一行は、福井県をおとずれるとさっそく、東さんたちと

福井県

いっしょに、勝山市北谷町へ向かいました。

目的の場所は、勝山市北谷町の杉山川が流れる谷にあります。背の高さほどもある草をかきわけ、渓流をわたって、一行はようやくたどりつきました。

「ここは十九年前、私がトリゴニオイデスの化石を発見した場所なんです」

前田先生が顧先生に説明をします。

顧先生は、中国で見つかっているトリゴニオイデスなど大昔の生き物を研究していましたので、地層や地形を熱心に調べていきます。

「ここは、ぼくが中国で調べている地層とよく似ています」

東さんたちはむき出しになっている川岸の岩に、ハンマーでタガネを打ちこみ、岩のブロックを取り出していきます。そして、断面に化石が露出していないか、ルーペを使って注意深く観察します。

しばらく作業を続けていると、新たな動きがありました。

「ん？　これは何だ？」

いっしょに参加していた中学校の理科教員の竹山憲市さんが声をあげました。竹山さんは岩をのぞきこみ、何かを見つけた様子です。

東さんは、竹山さんのところへ行くと、黒色に光るそれを指でそっとなぞるように確かめて、ルーペでのぞきこみます。

「これは、貝ではなく、何かの歯でしょうか？」

東さんたちは、歯と思われる化石がついた部分を掘り出すと、ペンで発掘日を書き入れて、脱脂綿でていねいに包み、県立博物館準備室に持ち帰りました。

次の日、東さんはドキドキしながら化石のクリーニング作業に入ります。

「いったい、何の歯だろう……」

東さんは小型のハンマーとタガネを使い、石をていねいに細かく削っていきました。

化石は、少しずつ形が見えてきます。

東さんは時間を忘れて、クリーニング作業に夢中になっていきました。

数時間後、東さんの顔に笑みがうかんできます。

（これは！　魚ではなく、ワニだ！）

クリーニング作業を終えた石は、すぐに勝山市教育委員会を通して、横浜国立大学の長谷川善和教授に鑑定をしてもらいました。そして後日、予想どおり『ワニ類の歯』という鑑定結果が出たのです。

東さんは、小さくガッツポーズをしました。

「やはり、ワニの歯でしたか‼　もっと調べれば、あの場所からワニのほかの部位が見つかるかもしれない！」

こうして東さんたちは、古代ワニの歯の化石が見つかった勝山市北谷町杉山川の左岸一帯の調査を本格的にやってみることにしました。

すると、七月十日、さらにおどろく発見が続きました。

「うぉー、出てきたぞ。これはワニの頭部じゃないか」

「ここから出てきたのは、しっぽ部分と思われます」

調査員たちのおどろきと興奮に満ちあふれた大声が、山の中で何度もひびきました。

発掘調査の結果、歯から頭部、胴体、尾部など、全長一・三メートルのワニの、ほぼ全身の骨格化石が発見されたのです。

東さんは大発見ができたうれしさをかみしめ

全長1.3メートルで、外見は今のワニに似ている。ジュラ紀～白亜紀にかけて、北アメリカ・ヨーロッパ・アジアに生息していたワニに近いと見られている。

ました。それと同時に、ひとつ気になっていることが頭をもたげてきました。ワニの全身骨格の化石を発掘していたとき、ほかにワニではない生物の骨らしき化石も発見していたのです。

（あれは、いったいなんの骨だったのだろうか。あの地層は白亜紀前期の地層。まさに恐竜が生きていた時代だが……）

疑問に思ったことは、とことん調べてみるのが東さんです。

有名な地質学の先生たちに、そのなぞの骨の化石を調べてもらいました。しかし、「よくわからない」という回答で、明確な結論が出ませんでした。

それでも、東さんは納得がいかず、分析機器を備えている福井工業技術センターで調べてみることにしたのです。すると、

「元素分析をしたところ、骨であることはまちがいありません」

と、同センターの調査員から分析結果の報告を受けました。

「やはり、骨ですか。しかしワニではないし、魚の骨とも形がちがうと思う。とすると、この骨はいったいなんなんだ。もしかしたら……」

そのとき東さんの頭の中に、『恐竜』の二文字がうかびました。

なぜ、東さんは『恐竜』の可能性があると思ったのでしょうか。実は、このような話がありました。

東さんたちがワニ化石を発見するよりも三十二年前の、一九五〇年のことです。東京大学の小林貞一教授らが、石川県の手取川流域の地質調査を行ったところ、この地層に中生代の森林が生育していたときのままの状態で化石になった、とてもめずらしい化石林が残っていることを発見したのです。

そして、小林教授は福井、石川、富山の北陸三県と岐阜県にかけて広がっているこの手取層群とよばれる地層には、恐竜の化石が産出する可能性があるとも予測をしていたのです。

しかし、小林教授の報告以降、手取層群からは植物や貝などの化石は発掘されても、恐竜の化石が見つかることは一度もありませんでした。

東さんは、ワニといっしょに発掘されたなぞの化石が『恐竜』の骨かもしれないと心の奥底で思いながらも、『恐竜』とは確証が取れないまま、三年の月日が過ぎていきました。

## 恐竜の生きた中生代

中生代は３つの時代に分けられます。
福井県勝山市北谷町の地層は、１億2000万年前の白亜紀前期のもの。

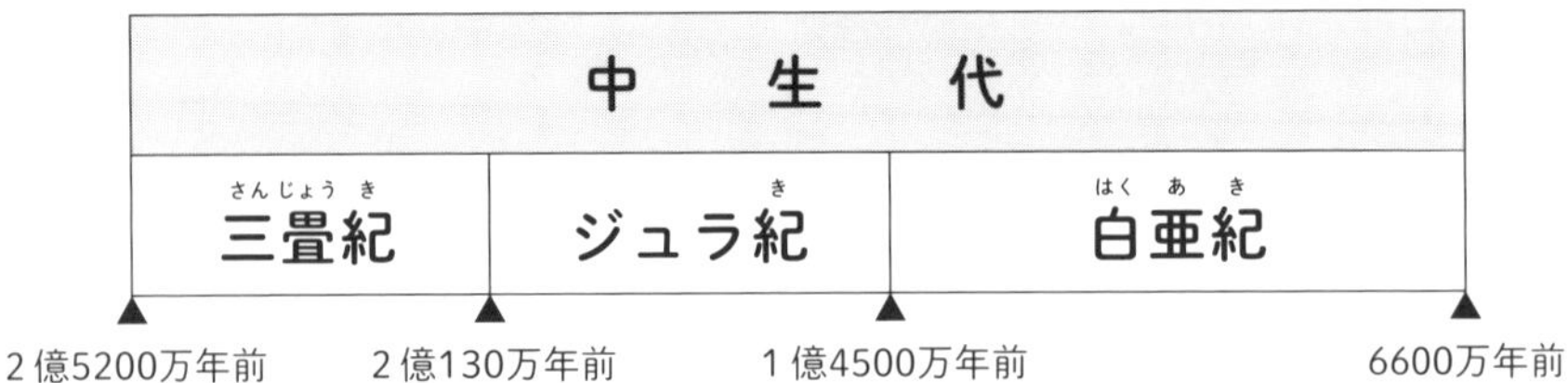

# 第二章　化石好きな一家と桑島化石壁と

## 割れた、不思議な石

古代ワニ化石の発見と同じ、一九八二年、夏。

「石川県白峰村に化石がよく見つかる桑島化石壁がある。今日は、そこに行ってみるか？」

「桑島化石壁？　行ってみようよ」

お父さんと地図を見ながら話しているのは、福井県鯖江市に住む中学二年生、十四歳の松田亜規さんです。松田さん一家は、化石採集が大好きでした。父親

石川県

の有茲さん、母親のカヨコさん、一歳年下の弟、浩暢くんの四人で、山や海岸へドライブがてら化石採集によく出かけていました。

その日、お父さんが運転する車は、つづら折りの山道を登り、福井県の県境を越えて、石川県の白峰村（現・白山市）に入ります。

霊峰・白山（標高二千七百二メートル）が目の前に見えてきます。白山は、富士山、立山とならぶ日本三霊山のひとつと言われ、昔から人気がある山です。

一八七四年には、ドイツの地理学者・ライン博士が、日本の山岳信仰に興味を持ち、白山に登りました。そしてその帰りに、ふもとの白峰村桑島の地層から植物化石を採集したのです。その化石を友人の植物研究者・ゲイラー博士に調べてもらい、一八七七年に論文が発表されると、「桑島化石壁」は植物化石の産出地として知られるようになったのです。

「このあたりが、桑島化石壁だな。一億三千万年前の地層だそうだよ」

お父さんが山はだを見上げました。足元には、大小さまざまな石がゴロゴロと転がっています。

「すごいね、大昔にタイムスリップするみたいな不思議な気持ちになるね。この崖から植物の化石がいっぱい発見されたの？」

亜規さんは、なんでもないようにも見える地層を間近で見ようとして、近づきました。もしかしたら化石が見つかるかもしれないと、しばらくあたりを探してみましたが、そう簡単には見つかりません。

あきらめて帰ろうとしたときです。

つま先にコツンと何かがぶつかりました。

「何だろう？」

ふと下を見ると、にぎりこぶしほどの石が転がっていました。

「ん？」

亜規さんの目にとまったのは、黒っぽいグレーの石でした。そっと石を拾い上げ、いろいろな角度からながめてみました。

「ほかの石や岩の色とは全然ちがう。不思議なふんいきをしている……。何だろう、この石。手でもかんたんに割れそう……」

亜規さんが、石をにぎる指先にぎゅっと力を入れた、そのときでした。

「パキャッ！」

石は、手の中で真っ二つに割れたのです。

「あっ！」

割れた片方の断面に、二センチメートルほどの真っ黒で細長いものがくっついています。

「何、これ？」

亜規さんは、それを指先でなぞってみます。

「貝の化石でも植物の化石でもないけれど、きっと何かの化石だわ！」
見たこともない不思議な形に、目がくぎ付けになりました。
「きれい……。この石は宝物(たからもの)しよう」
亜規(あき)さんは、家に帰る車の中で、拾った黒っぽい色の石をずっとながめていました。

松田家では、家族で採集(さいしゅう)してきた石は、いつも庭先で保管(ほかん)をしていました。プラスチック製(せい)のコンテナボックスが数段(すうだん)積まれ、中には大小さまざまな形の石がゴロゴロと転がっていました。
お父さんは仕事から帰宅(きたく)すると、いつもコンテナの中から石を取り出して、

眺めたり、割ったりして、化石を見つけるのが日課でした。

「なにかすごい化石でも出てこないかな」

それでもお父さんはおどろくような化石と出合ったことがありませんでした。

「おーい、亜規が桑島化石壁で拾ってきた石だけど、コンテナに入れたのか？」

お父さんは、ふと思い出して、亜規さんに声をかけました。

「入れてないよ。なんか気になっちゃって……」

亜規さんは、桑島化石壁から持ち帰った不思議な石だけは、そのコンテナには入れなかったのです。

割れた石の中から出てきた、黒くて細長いものが気になり、宝物として自分のそばに置いておきたいという気持ちがあったのです。

「やっぱり、この石だけは特別なのよね。もしかしたら、すごい化石かもしれないし、大事に保管しておこう。何かいい箱はないかな。あっ、これがいい！」

そうして見つけた箱は、ピンク色のプラスチック製のさいほう箱でした。

亜規さんは、石をタオルでやさしく包んで箱にしまうと、テレビ台の横のたなにそっと置いたのです。

## 「名前をつける会」へ

一九八五年、夏。

桑島化石壁で不思議な石を拾ってから三年の月日がたち、亜規さんは高校二年生になっていました。

その日は夏休みで、しんせきのおばさん・杉井佳慧子さんと、中学一年生の娘・奈緒美さんが遊びに来ました。

「亜規ちゃん、元気？　私、夏休みの自由研究で化石採集をしているんだ。今度、『名前をつける会』に化石をもって行こうと思ってるの。ついでに何か調べてきてあげようか？」

「名前をつける会」は、夏休みに福井市自然史博物館が主催するイベントで、学校の先生に協力してもらいながら、子どもたちが採集した岩石や化石を調べたりする会でした。

杉井さん親子は化石採集に興味があり、奈緒美さんが小学生のころから化石発掘イベントへ出かけたりしていたのです。しんせき同士の共通の趣味だったので、亜規さんたち家族が化石を数多く持っていることも知っていました。

「ふうん、そんな会があるのね。あっ、そういえば！」

亜規さんは、三年前の中学二年生のときに、家族ドライブでおとずれた桑島化石壁の崖下で拾った石を思い出しました。

「何、何？」

奈緒美さんが身を乗り出すように聞いてきました。

「実はね、ちょっとめずらしいと思うんだけど……」

亜規さんは、たなに大切に保管していたピンクのプラスチック製のさいほう箱のふたを開けて、奈緒美さんとおばさんに見せたのです。

箱の中で、石の断面に付いている細長いものは、三年前と同じく、黒くつやつやと光っていました。

「何この黒いの……？」

奈緒美さんが指でそっと石をさわりました。

「どれどれ、私にも見せて」

おばさんは石を手に取って、黒くて細長いものを、目をこらして見ました。

「貝でも植物でもないし、確かに、見たことがないね」

「これ、ずっと気になっていたの。きっと何かの化石だと思うんだけど、ちょうどいいタイミングだから、いっしょに調べてもらってもいいかな」

亜規さんは奈緒美さんに、大切に保管していた石が入ったさいほう箱を手わたしました。

（もし、これがなんの化石か、正体がわかれば、うれしい……）

このときはまだ、この石が大騒動をまきおこすとは、だれも想像さえしていなかったのでした。

# 第三章 恐竜ガールと情熱博士と

## 持ちこまれた、なぞの石

福井県教育研究所の荒木哲治さんは、「名前をつける会」の部屋で岩石・化石図鑑を広げて調べ物をしていました。

福井県教育研究所は、福井県が教育に関する研究や教職員の研修を行う機関です。荒木さんは小・中学校の理科の先生をしていたことがあったので、「名前をつける会」に持ちこまれた岩石や化石などの名前を調べたりして、子どもたちの自由研究の手助けをしていました。

松田亜規さんのおばさんの杉井佳慧子さんと娘の奈緒美さんは、亜規さんのなぞの化石を調べてもらおうと「名前をつける会」をおとずれました。

「こんにちは。しんせきの子が桑島化石壁でめずらしい化石を見つけまして、何か真っ黒で細長いものが付いているんです。なんの化石かわかりますか？」

奈緒美さんは、箱のふたを開けて中身を見せました。

「どれどれ、どんな石でしょう」

荒木さんは、博物館の女性学芸員と共に箱をのぞきこみました。

箱の中にはタオル生地がしかれ、真ん中に黒っぽいグレーのゴツゴツした石が入っていました。その石の断面に黒くてツヤのある細長い形をしたものが付いていたのです。

女性学芸員は石を手に取ると、ルーペを使って、いろいろな角度からのぞきこみました。

「これは確かに、何かの化石ですね。たぶんサメの歯だと思われますが……」

女性学芸員の答えを聞いていた荒木さんが身を乗り出します。

「ちょっと失礼します。私も見せてもらってもいいですか？　あれっ？　確かにこの化石はめずらしい」

荒木さんは、やさしく声をかけて石を手に取り、だまって観察しました。

（うーん、初めて見る形の化石だ。サメというよりも、もしかしたら……恐竜の歯……かもしれない）

思わず口にするところでしたが、無責任な言葉は言えない、と思いとどまります。荒木さんは興味深く、じっと石を見つめながら考えました。恐竜の歯の実物を見たことはありませんでしたが、恐竜の化石の学術書や文献を読んでいたこともあり、どうしても気になったのです。

「この化石、もう少し調べてみたいので預からせていただけますか」

荒木さんは、杉井さん親子に話しかけました。

「わかりました。その化石はしんせきの子が拾ったものです。連絡先は書いておきますので、何か分かりましたら、連絡は、そちらにお願いします」

松田亜規さんの名前と電話番号を残したふたりは、「名前をつける会」の荒木さんに石を預けました。

数日後のことです。

荒木さんは、福井県立博物館の学芸員を務める東洋一さんと、日本海に面する越前海岸へ、カメの化石採集に出かけていました。ふたりは、同じ福井大学の出身で、荒木さんにとって、東さんは大先輩で学者としても尊敬しているあこがれの存在でした。

荒木さんは化石にも関心をもっていたため、ときどき東さんの化石発掘調査のお手伝いをしていたのです。

カメの化石採集の帰り道、荒木さんは、車のハンドルをにぎる東さんに話しかけました。

「東さん、先日、『名前をつける会』にめずらしい石が持ちこまれたんです。牙のような、歯のような、黒い色のものが付いていていました。学芸員はサメの歯かなと言っていましたが、私はサメではなく、もしかしたら……、恐竜ではないかと感じたんです」

「ええっ、なんだって？　恐竜の歯？　それは本当か？」

東さんは、『恐竜』という言葉に大声ですぐさま反応しました。

「荒木くん、すぐにでもその化石を見てみたい！」

地質・古生物の研究者として好奇心を強くくすぐられたのです。

「わかりました東さん、すぐに明日、お持ちします」

翌朝早く、荒木さんは約束通り、東さんの仕事場の県立博物館に、「名前をつける会」へ持ちこまれたなぞの化石を持参しました。東さんはまだ来ていませんでしたが、荒木さんはその後に用事があったため、東さんの机の上に化石の入った箱を置いて部屋をあとにしました。

「おっ、これが荒木くんの言っていた、なぞの化石だな」

博物館に出勤してきた東さんは、机に置かれていた箱を見つけて、さっそくふたを開けました。

石を見た瞬間、ビビビッと体に電流が走ったように感じました。

すぐさま身を乗り出します。

東さんの指先にぎゅっと力が入ります。

箱から化石をそっと取り出して、まじまじと見つめました。

「これは、サメの歯なんかではないぞ！　ちがう、サメじゃない！」

東さんはさけびました。

サメの歯の化石ではないとすぐに否定したのは、先ごろ、東さん自身がサメの歯を研究した論文を書いたばかりだったからです。

さらに、この石には中生代の貝の化石もついていることを見つけて、恐竜が存在していた時期と重なることに気づいたのです。

（このギザギザのこぎり歯のような特徴は、まさしく肉食恐竜の歯にちがいない）

東さんは地質学を専門にしていましたが、恐竜についても関心を持っており、海外の学術論文をはじめ多くの資料や文献を読み、調べていたのです。

すぐに東さんは荒木さんに連絡をとりました。

「荒木くん、女の子がこの化石を拾った場所へ急いで向かい、調査をしてみようじゃないか」

東さんは、中学校の理科の教師だった竹山憲市さんにも声をかけて、調査を手伝ってもらうことにし、後日三人で、松田亜規さんが一九八二年に化石を拾ったという場所へ向かったのです。

福井県から県境を越えて石川県に入り、桑島化石壁に着くと、眼下には手取川ダムが水をたたえていました。東さんたちは、川沿いむき出しになっている崖の斜面を見上げました。

「確かにこの桑島化石壁の地層は、手取層群の一部で、中生代の植物の化石が採れることで知られている。ここをくわしく調べてみたいが……。しかし、こまったぞ。この場所は国指定天然記念物になっているから、うかつに手を出すことができないな……」

国指定天然記念物とは、文化庁が「史跡」「名勝」「天然記念物」に指定し、保護しているところです。現状を変更したり、その保存に影響するようなことをしようとする場合は、文化財保護法により、文化庁長官の許可が必要という

ことになっています。

しかし、ここであきらめる東さんではありません。

東さんたち三人は、天然記念物に指定されていないエリアがあることをつきとめて、まずはその地層から岩石を調べることにしました。

地層がむき出しになっているところが、桑島化石壁。手前には、1978年に完成した手取川ダムが水をたたえている。（2020年現在）

## 奇跡を拾った第一発見者

桑島化石壁を調査するのと同時に、東さんは、少女が拾った化石が恐竜の歯かどうか、横浜国立大学で恐竜の研究をしている長谷川善和教授に送って鑑定を依頼していました。

一九八五年十一月、長谷川教授から東さんに鑑定結果の連絡が入ります。

「東先生、まさしく、恐竜の歯でした。すごい発見じゃないですか！」

「やはり恐竜でしたか！」

東さんは、ようやく確証を得られたこの『恐竜』という二文字の言葉に、その場で飛び上がりたくなるような喜びを感じました。

化石の鑑定結果は、長さ二センチメートル、最大直径は一センチチメートル、

やや反り返っていて黒色、のこぎり状のギザギザのある鋸歯。かつて、中国四川省でもよく似た色と形の化石が発見されており、獣脚類のメガロサウルス科の肉食恐竜でした。松田亜規さんが桑島化石壁で拾った化石は、これに近い恐竜の歯だと判断されたのです。

メガロサウルスは体長九メートル、体重九〇〇キログラムの肉食恐竜。太い後ろ脚で二足歩行をし、手足にはかぎ爪がついていて、トカゲや草食恐竜を襲っていたといいます。ジュラ紀（二億百万年〜一億四千五百万年前）に生息したといわれ、ヨーロッパや南米、アフリカ、アジアなどで骨の化石が発見されています。

東さんは、急いで亜規さんの家に電話をかけました。電話口には、亜規さんのお父さんが出ました。

松田亜規さんが拾った化石。福井県立恐竜博物館に展示されている。

「県立博物館の東です。実は、亜規さんが持っていた化石ですが、大変な発見となりました。あの化石は、中生代白亜紀の肉食恐竜の歯だったんです。これは、本当にすごいことです。この貴重な恐竜の歯の化石を、県立博物館に寄贈していただけないでしょうか！」

東さんの熱く高ぶった声に、お父さんは思わずくすっと笑ってしまいました。

「恐竜の歯？　そうでしたか。お役に立つのならばなによりです」

お父さんは笑顔をうかべつつ、静かな口調で答えました。

「今、亜規は学校へ行っていますので、あとで本人に伝えておきます」

「そうですか、よろしくお願いします。またご連絡いたします！」

東さんは興奮したまま電話を切りました。

同じ日の夕方。

「ただいま」

亜規さんは何も知らず、高校から帰ってきました。

「亜規が中学二年生のときに拾ったあの石の化石は、恐竜の歯だったそうだよ。貴重な恐竜の化石だから県立博物館に寄贈してほしいそうだ。博物館の学芸員の東さんという人、興奮していたよ」

お父さんが笑いながら伝えると、

「恐竜？　怪獣みたいな？　それともネッシーみたいな生き物のこと？」

亜規さんは、恐竜と言われても、すぐにはピンとこず、想像上の生き物としか思えなかったのです。

恐竜の化石の発見は、岩手県、群馬県、熊本県に次いで日本で四か所目でした。しかも歯と足跡の化石両方が同じ場所に存在していたことがわかり、日本でも初めての発見となりました。

（恐竜の歯の化石を発見したことは、まだ報道陣には知らせないようにしてお

こう。これから文化庁に連絡して、学術論文を書いてからだな）

東さんは黙っていましたが、どこからか報道陣に知られてしまいます。

「おい、聞いたか？　福井県立博物館の東洋一学芸員と少女が、恐竜の歯の化石を発見したそうだ」

「日本海側での恐竜化石の発見は初めてだ！　すごいことになるぞ」

報道陣に知られた以上、記者発表をしなくてはならなくなり、東さんは発見者の亜規さんのお父さんに、ふたたび連絡を入れました。

「松田さん、記者会見を行うことになりました。もうしわけありませんが、発見者の亜規さんにも同席していただきたいのです」

「ちょっとお待ちください。本人と代わります」

お父さんは、亜規さんに受話器をわたします。

「もしもし……、亜規ですが……」

「おぉ、亜規さん？　東です。あなたが拾った化石は、恐竜の歯だったんですよ。すばらしい大発見です！　記者会見を開くことになったんだけど、ぜひ出席してもらいたいのです。お願いできませんか？」

東さんの大声が受話器から聞こえてきます。

亜規さんは一瞬おどろいて、言葉が出ませんでしたが、少し考えて返答しました。

「いいですよ、私でお役に立つならば……」

亜規さんは少しためらいましたが、東さんの熱意と気迫におされ、取材に協力することにしたのです。

東さんと亜規さんは福井県教育委員会の会議室で、多くの新聞社やテレビ局の記者に囲まれながら記者会見にのぞみました。

当時の新聞記事では、このように報じられました。

【日本最古、恐竜の「歯」化石。1億4千万年前　足跡も出土。鯖江の女高生が発見。割れた中から化石。日本海側初に意義。（福井新聞　昭和六十一年四月五日朝刊）】

【日本最古の恐竜化石。鯖江の高校生姉弟ら発見。日本海側で初めて。1億4000万年前　歯と足跡。（日刊福井　昭和六十一年　四月五日）】

恐竜の歯の化石を発見したことが新聞、テレビで報じられると、亜規さんは一躍、〝時の人〟となりました。

春休みが終わり、亜規さんは高校三年生となり、新学期が始まりました。クラスメートがニヤニヤしながら近づき声をかけてきます。

「亜規ちゃん、すごいね。テレビでも、かわいく映っていたよ」

日刊福井　昭和61年(1986年)4月5日　(土曜日)

日本最古の恐竜化石

鯖江の高校生姉弟ら発見

日本海側で初めて

1億4000万年前　歯と足跡

石川・白峰村

恐竜の歯の化石

日刊福井　1986年4月5日付

昭和61年(1986年)　4月5日　(土曜日)

メガロサウルスの想像図

鯖江の女高生が発見

石川・白峰村の手取層

日本最古、恐竜の「歯」化石

1億4千万年前　足跡も出土

割れた中から化石

日本海側初に意義

福井新聞　1986年4月5日付

仲良しの女の子たちが大はしゃぎです。

「すごくないよ。でも記者会見って初めてだったから、超ドキドキしちゃった」

亜規さんは自慢もせず、照れくさそうに笑っていました。

「これからの呼び名は〝亜規ちゃん〟ではなく、メガロサウルスを発見したから〝恐竜ガール、アキザウルス〟にしよう」

クラスメートが、〝アキザウルスゥ〜〟とからかいました。

「ちょっと、やめてよ〜」

亜規さんのほおが、ほんのりとピンク色にそまっていました。

そのころ、東さんは心の中で、新たな決意をしていました。

「桑島化石壁には恐竜の化石がまだ眠っているはずだ。この地が大陸とつながっていたことを意味する重要な発見があるかもしれない。石川県と協力しながら、発掘調査を続けるべきだ……」

一九八六年四月、福井県立博物館の東さんは、石川県の白峰村役場と話し合

い、共同調査を始めました。

「足跡の化石を削らないよう、慎重に作業をお願いします」

ヘルメットをかぶる東さんは、桑島化石壁を見上げ、クレーンをそうじゅうするオペーレーターたちに指示を出します。化石壁の中腹にある黒い砂岩層に恐竜化石が含まれると見て、重点的に調査を続けました。

そして、同じ年の八月には、地上から高さ十五メートルほどの崖から恐竜の足跡化石を発見したのです。

「よし、すぐに足跡のレプリカ作製（複製）の作業に入ろう」

翌年の一九八七年には、崖にある足跡化石の切り取り作業を行いました。さらに化石壁の下方部には、恐竜ではありませんが、植物の化石の一種、この地域最大となる直径一・五メートルの珪化木を発見したのです。

東さんは、住まいのある福井県から石川県の桑島化石壁に通いながら、気づくと調査に約三年を費やしていました。

桑島化石壁では、肉食恐竜の歯が二本、草食恐竜の歯が十二〜十三本、足跡化石が二個見つかりました。成果が出て喜ぶべきですが、このころ、東さんは複雑な思いをかかえていたのです。福井県庁や関係各所へ仕事の打ち合わせに行くと、いままでとちがった少しいやな雰囲気があることを感じ取っていました。

石川県の恐竜化石の発掘に関わり、報道で顔を知られた存在となった東さんを、冷ややかな目で見る人や、直接こんな言葉をかけてくる人もいたのです。

「あなたは福井県の職員でしょう。どうして石川県で調査しているの？」

「福井では、恐竜の骨は発見できないのですか？　調べてみたのですか？」

一方、声援をくれる福井県民も大勢いました。

「古代ワニを発掘した東さんでしょ。ぜひ福井で恐竜も見つけてください」

「福井でも恐竜が出てきたらうれしい。あきらめずにがんばってください」

東さんは、県立博物館の資料室にこもり、手取層群についてあらゆる文献を調べます。恐竜化石が出る可能性があるのは、手取層群の中でも、石徹白亜層群と赤岩亜層群のふたつであり、白亜紀前期の地層といわれています。石川県白峰村は石徹白亜層群、中生代ワニの全身骨格が発見された福井県勝山市は、それよりも少し新しい時代の赤岩亜層群でした。

（福井県勝山市北谷町の山から、恐竜時代のワニの骨格化石も見つかっている。あの場所からかならず、恐竜の骨も発見できるはずだ……。）

東さんは、新たな決意に踏み切りました。

| 手取層群 | 地層 | ↑新しい地層 |
|---|---|---|
| | 赤岩亜層群（恐竜・ワニ・貝など） | |
| | 石徹白亜層群（恐竜・ワニ・植物など） | |
| | 九頭竜亜層群（アンモナイトなど） | ↓古い地層 |

## 地元福井県で発掘を

一九八八年、夏。

東さんは、福井県立博物館の部屋にある大きなホワイトボードの前に立って、ボードにはり付けた何枚もの写真とメモをじっと見つめていました。

写真は、一九八二年、福井県勝山市北谷町杉山川左岸の崖からワニの全身骨格の化石が発掘されたときのものでした。

「ここで白亜紀前期（一億二千万年前）のワニ類化石が見つかった。同じ時代に生きていた恐竜の化石が出る可能性は十分考えられる。それに、ワニの化石を発掘したとき、なぞの化石もあったではないか！　やはり、この勝山市北谷町の地層には、かならず恐竜が眠っているはずだ」

東さんは、これまでの発掘調査の経験と実績を元に、文献や資料と照らし合わせて分析と考察をくり返し、福井県でもかならず恐竜化石が出る、と仮説を立てました。

そして、勝山市役所に申請書を提出し、本格的な調査を始める前の予備調査を三日間、行うことにしました。

六年前にワニ類の化石を発掘した現場は、山間部の奥深くに位置していたため、トラック、パワーショベルやクレーン車などの大きな重機が入れる整備された道はもちろん、林道さえもありません。

発掘調査隊は毎日、山を登り、林の間の草木におおわれた道なき道をかき分けて谷を下りながら、北谷町杉山川の現場まで向かいました。

「今回は、恐竜化石の発掘を目的とした予備調査となります。この地でかならず恐竜が発見できると信じて、がんばりましょう」

東さんは、発掘調査隊と共に期待に胸をふくらませつつ思いました。

（わずか三日間で、はたして恐竜の化石が発見できるだろうか。何も発見できなければ、福井で本格的な調査もできず、夢が終わってしまう。かならず、結果を出してみせる！）

発掘調査隊は東さんの言葉を信じ、作業をし続けます。

予備調査の初日、期待は裏切られ、東さんと発掘調査隊は何も発見できませんでした。発掘した時間は数時間でしたが、東さんにとってまるで一日を過ごしたかのように長く感じられました。

「明日があるさ」

それでも、東さんは笑顔で調査隊を元気づけます。

そして予備調査二日目、待ちに待った喜びがおとずれました。

「東さん！　こちらへ！　これを見てください！」

調査隊として参加していた大倉正敏さんが、崖から切り出した岩を割って見つけた、大小二つの石を手にしていました。

「おぉ！　のこぎりの歯のようなギザギザがあるぞ！　これはまさしく、肉食恐竜の歯だ！」

東さんの声はふるえているようでした。

「ついに、恐竜の化石が発見できましたね」

調査隊から、どよめきと喜びの声があがります。

東さんは仮説が証明された喜びに、なみだがあふれそうになるのをこらえながら、調査隊に声をかけました。

「もっと、恐竜の化石はあるはずです。探しましょう」

そして、わずか三日間の予備調査だったにもかかわらず、肉食恐竜の歯が大小二本も発見できたのです。

大きい歯は、長さ一・九センチメートル、根元の幅一センチメートル、小さい歯は、根元の部分が折れていて、長さ一センチメートル。ふたつとも同じ種類で、わん曲が大きく、のこぎりのようなギザギザのある鋸歯でした。国内では発見されていない、小型の肉食恐竜コエルロサウルスのなかまの歯と見られました。

また時を同じくして、一九八二年、古代ワニ化石発掘のときに東さんが見つけたなぞの化石が、アロサウルス科に近い肉食恐竜の腕の骨と見られるという鑑定結果も出たのです。

（恐竜は、福井県にいた。信じて突き進んで本当によかった。この場所は、福井県だけでなく、日本、いや世界にとっても重要な場所になるだろう。しかし、これから本格的な調査を始めるには、県をあげての協力が必要になる。はたして、うまくいくだろうか？）

東さんは、喜びもつかのま、予備調査で発見された肉食恐竜の二本の歯を入れた箱を大事にかかえて、福井県庁へ向かいました。栗田幸雄福井県知事に報告をするためです。

福井県庁は、ＪＲ福井駅から歩いて五分ほどの、お堀に囲まれた福井城跡にあります。

知事室で執務をしていた栗田知事のもとに、東さんが入ってきました。

「知事、県立博物館の東洋一です！」

東さんは肩を上下に動かし、息を切らしていました。

「どうだ、何か見つかったかね？」

東さんの興奮ぶりに、何かを感じ取った栗田知事が身を乗り出すように質問します。

「はい、知事、ついに勝山市北谷町で恐竜の歯を発掘しました！」

東さんは、はっきりと力強く伝えました。

「なに？　福井県で恐竜の歯が出たのか？　東くん、恐竜の化石はもっと出そうか？」

「はい！　肉食恐竜のほか、草食恐竜も考えられます。勝山市は、恐竜の産出地とみて、まちがいありません」

すると栗田知事は、

「東くん、本格的な調査をやってみないか？」

と言いました。

「ぜひ、調査させてください！」

知事の願ってもない言葉に、東さんは喜んで答えました。しかし一方で、そんなにすんなりとは進まないだろうと思っていると、

「よし、やってみなさい。子どもたちが、ここ福井県の地で恐竜が生きていた

ことを知ったらどんなに喜ぶだろうか。神秘的な世界だよ、まさにロマンじゃないか、実にうれしいことだ、恐竜発見か……」

栗田知事の豪快な笑い声が、知事室を満たしました。

「知事、本当に発掘調査ができるのですか？」

東さんは、あまりにも早い栗田知事の決断におどろきました。

もちろん本格的な発掘調査の決定には、知事の判断だけではなく、福井県の議会を通して、県議会議員たちからの承認を得なければなりません。

しかし今、東さんは、とにかく知事が恐竜に関心をもち、いっしょに喜んでくれたことが、なみだが出るほどうれしかったのです。

「東くん、調査の予算はどれくらいかかるものなのかね？」

栗田知事は、いきなり東さんに必要なお金ことを聞きました。

「えっ？　予算ですか？」

（まさか、調査費の予算を聞かれるなんて思わなかったからな、でも思い切って言っちゃおう）

それまでの県立博物館の年間研究費は、東さんの専門分野だった自然系の植物や古生物では、六十万から七十万円の予算だったのですが、無理を承知で、十倍をこえる予算を伝えたのです。

「はい、予算は一千万円ぐらいでしょうか」

東さんの胸はドキドキと高鳴っていました。

栗田知事は真顔から笑顔に変わりました。

予備調査の成果は大きな見出しで新聞記事に取り上げられました。

福井新聞　1988年10月12日

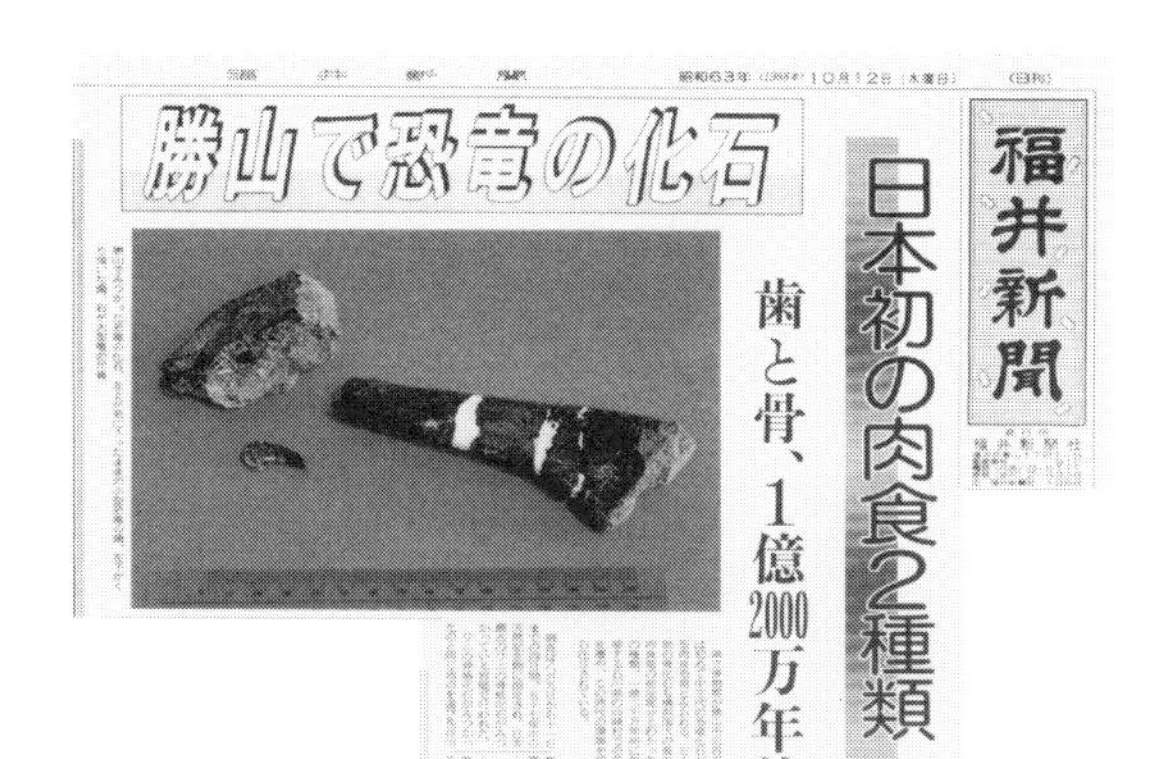
福井新聞

勝山で恐竜の化石

日本初の肉食2種類

歯と骨、1億2000万年前

県立博物館

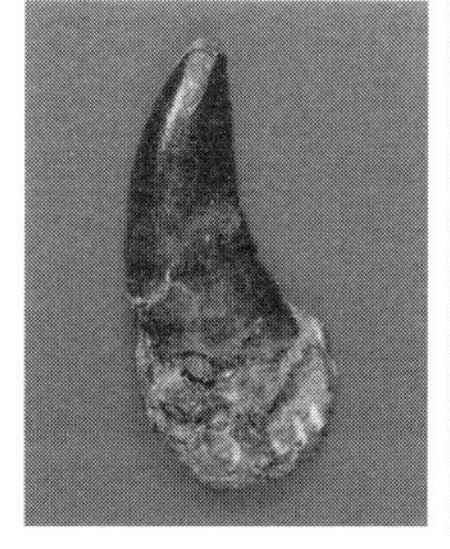

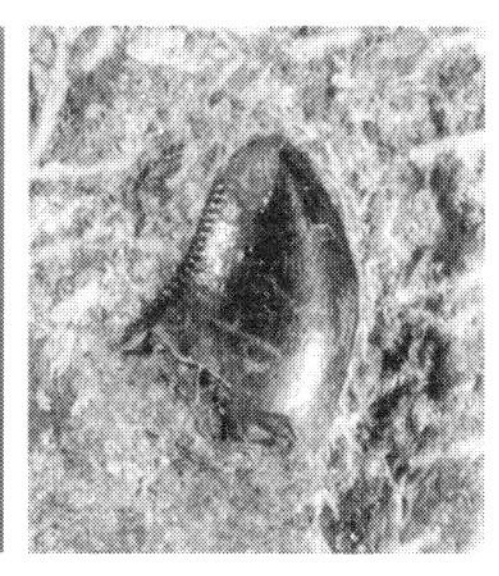

予備調査で見つかった恐竜の歯化石。

【『日本初の肉食２種類』『歯と骨、１億２０００万年前』『勝山で恐竜の化石』《県立博物館が勝山市北谷で行った発掘調査で県内では初めて中生代の恐竜化石が見つかった。歯２本で小型肉食恐竜とみられる。》（福井新聞　昭和63年10月12日）】

結果、福井県教育委員会と福井県は、翌年の一九八九年から五年間の計画で、「福井県恐竜化石調査事業」として、勝山市北谷町における本格的な化石発掘調査をはじめることにしたのです。

調査費の予算は、約八百万円が計上されました。東さんは、化石の発掘調査に快く協力してくれた知事をはじめ、県庁、議会、そして県民に、感謝の気持ちで胸をいっぱいにして思いました。

（かならずこのプロジェクトを成功させてみせる！）

# 恐竜化石発掘隊を支えた人々

福井県勝山市北谷町。恐竜化石の発掘調査の現場は山奥にあります。

道もないからみんな歩いて通うしかない。発掘に必要な機械も入れないな。

手作業でコツコツやっていくしかありませんね。

カッ
ミーン
ミンミンミン
ミーン
コーーン
カンカン
コン
カーン
カーン
コン
コンッ
ザッ
ザッ

あーー
あっついなぁ。
カン
カン
カン
コン
コン
カン
カーン
ハラも
へった……。
ぐ〜〜

宿泊施設
雁が原ロッヂ。
雁が原ロッヂ

ロッヂで働く佐藤さんたちが
発掘隊のみんなに
ご飯を作っています。
!

ねえ、いつもお昼は
おべんとうだから、
たまには
カレーライスとか
どうかしら？
いいわね！

ぐつ
ぐつ
ぐつ

お？
うまそうだねえ。
みんな喜ぶぞ。
あら
社長。

でも、作ったは
いいんですけど
二十人分のカレーを
どうやって
運ぼうかと……。
たしかに
うーん……。

そうだ!!
天びん棒にカレールーとご飯の入った鍋をつるせばいいんじゃないか?

?
いらっしゃいませ

じゃーーーん
こういうこと!

た、たしかにいいアイデアですけど、
どの道から行くんです?

まあ山の上から下りるしかないかな。
!?

――なるほど
上まで車で
カレーを運んで、
そこから
発掘現場まで
歩いて持って
行くんですね。
ゴト
ゴト
そういう
こと！
草を刈って、
道を作りながらな！

よし、
行くぞ！
はいっ!!

ザッ
ザッ

マムシが
いるから
気をつけろよ。
はい！
ザッ

おっと！
ぐらっ

わあ
じゅっ
あちちっ!!

社長、大丈夫ですか？
あっ！

社長――――！
気をつけてくださいよ――――！

あちゃー見られてたか……。

お――― がんばって いるな！
はあ
ふう
おつかれさまです!!

さっき 大丈夫(だいじょうぶ)でしたか？
こそっ
も、問題ないよ！

さあ、みんな 今日のお昼は カレーライスよ!!

おおーーっ!

ごちそうさまでした！
おいしかったです!!
からっ

よーし
カレーのおかげで
元気いっぱいだ！
おーっ!!
午後の調査も
がんばろう！

みんな
喜んでくれて
よかったな！
私たちが
していることも、
発掘のお手伝いに
なっていると思うと
うれしいわね。

あらっ、ここに
水ぶきが
生えてる。
ミーーン
ミンミンミン
ミーーン
天ぷらや
おひたしにすると
おいしいのよね。
おかずが
ふえた！
発掘調査はいろんな人の
助けを得ながら
続けられたのでした。

# 第四章
# 発掘調査隊とカレーおじさんと

## 走り回る情熱博士

福井県恐竜化石調査事業を県と教育委員会から認めてもらうと、東さんには、次にやるべきことが待っていました。

発掘調査で現場を使用するには、勝山市役所や土地の所有者から正式に許可をもらわなければならなかったのです。

「県立博物館の東洋一と申します。ごぞんじの通り、予備調査で恐竜の化石が発見されました。今度は本格的に五年間、皆様が所有されている土地を発掘する許可をいただきたいのです。ここ勝山には、まだまだ恐竜が眠っています。一億二千万年前、ここを恐竜が闊歩していたのです。世界レベルの恐竜研究に貢献できる、福井県の誇りとなる夢の場所なのです！」

東さんは、地主さんと言われる土地所有者や多くの関係者たちに、恐竜化石発掘の意義とロマンを語りました。

「恐竜が出てくるのであれば、それはおもしろい。協力をしましょう」

東さんの熱い思いを聞いた人たちは、快く許可をしてくれました。

また東さんは、地主さんたちとの交渉と同時進行で、発掘調査を手伝ってくれる教員や学生のボランティアを集め、さらに宿泊施設と食事を確保するために動かなくてはなりませんでした。

「こまったぞ、私たちも福井市から車で通って一時間はかかる。ボランティアの学生さんだってお金がないから交通費も宿泊費もかけられない。みんなが泊

まれるような、発掘現場から近い宿を探さなければ……」

机の上に地図を広げ、発掘調査隊が宿泊できそうな場所がないか探しました。

「ここだ！　発掘現場から一番近い場所だ。この施設の代表者に会いに行こう」

その宿泊施設は、発掘現場から車で十分ほどの山にある、雁が原スキー場のロッヂでした。

東さんは、雁が原ロッヂに電話して社長と会う約束を取りつけて、車で向かいますが、心配なことがありました。

（宿は、安い料金で借りることができるだろうか）

発掘調査には、設備や人件費で予想以上に費用がかかることがわかり、できるだけ宿泊費をおさえたかったのです。

東さんの車はロッヂに到着します。目の前は、緑豊かな夏のスキーゲレンデが広がっていました。

「発掘現場から近くて、すばらしい環境だ。ぜひ、ここを借りたい……」

東さんはドキドキする胸をおさえながら、ロッヂの事務室へ向かいます。

「お電話をいただいた東さんですね？」

メガネをかけた笑顔の男性は、百八十センチメートルはある長身の大柄で、イスにどんと腰かけていました。

「代表の松村です」

松村季夫さんは、雁が原スキー場とロッヂを運営管理している観光会社の社長でした。

「はじめまして、私は県立博物館の学芸員を務めています、東洋一です。実は、三年前に中学生の少女が石川県白峰村で恐竜の歯の化石を見つけましてね。同じ手取層群の、ここ勝山市でも恐竜の歯の化石が見つかりました。そこで本格

的に発掘調査することが決まりまして。それで、発掘調査隊の宿泊地として、こちらのロッヂを使わせていただきたいのです……」

松村社長は、東さんの説明をだまって聞いていました。

「もうしあげにくいのですが、予算があまりなくて……」

小さくなった東さんの声をふき飛ばすかのように、社長は大声を出しました。

「恐竜か、おもしろいじゃないですか。スキー場は、夏はのんびりしています。どうぞお好きにロッヂを使ってください。できる限りの協力をしましょう」

「社長、本当ですか？　助かります。ありがとうございます」

東さんは、何度も頭を下げてお礼を言いました。

発掘調査隊の宿泊地は、調査現場から近い『雁が原ロッヂ』。朝夕食事付きを格安の条件でお世話になれることが決まりました。

これで準備は整いました。東さんは、勝山市北谷町の発掘調査隊に決まった学生ボランティアたちを呼び集めました。

## カレーおじさん登場

「はじめまして、私は発掘調査の責任者、東洋一といいます。みなさんにはこれから調査員として現場に入ってもらいます。発掘は根気がいる作業ですが、あきらめず、明るい笑顔と気持ちで、目標の恐竜の骨の化石を発掘できるよう、がんばりましょう」

集まったエネルギーあふれる若者たちを目の前にして、東さんの大きく張りのある声がひびきわたっていきました。

東さんと教員や学生によるボランティア一行はロッヂに到着しました。

笑顔でむかえてくれたのは、松村社長のほか、施設の調理担当責任者の佐藤

喜代子さん、砂村順子さんたちでした。

「よろしくお願いします！」

やる気に満ちた若者たちの声が聞こえます。

「こちらこそ！　みんな化石発掘がんばってね」

佐藤さんの明るい声に、みんなは「はい！」と張り切って答えました。

しばらくして調理場に、心配ごとがありそうな表情で東さんが顔を出し、佐藤さんに話しかけます。

「実はひとつ、ご相談があるのですが……。朝夕の食事を宿でお世話になれるのが本当にありがたいのですが、お昼の弁当もなんとかなりませんか。学生たちに、おにぎりだけでもいいんです。発掘現場は山の中なので……」

「ああ、それは大変ですよね。いくらなんでもみなさん、おにぎりだけじゃ、かわいそうだわ。なんとかしますから心配しないでください」

ふたりの小学生の男の子を育てる母親の佐藤さんは、学生ボランティアの若者たちがまるで自分の子どものようにも思えたのです。栄養バランスのいい献立を考えながら協力してくれました。

　発掘調査隊は、六時に起床、朝食をすませたら、佐藤さんと砂村さん手作りのお弁当を持たせてもらって発掘現場へ向かい、夕方、発掘調査を終えたらロッヂにもどってきます。

「おかえりなさい。一日、おつかれさま」

　佐藤さんは、ねぎらいの声をかけます。

　真夏の日差しの下、みんなは土や岩に座り、はうように作業をしていたため、Tシャツやジーパンは、汗でびっしょりぬれてほこりまみれです。

　玄関と廊下を見ると、佐藤さんがそうじを終えたばかりのピカピカだった床にはどろが散らばり、足跡がペタペタとついていました。

（あらら、さっき、そうじしたばかりなのに、もうよごれちゃったわ）

　佐藤さんは苦笑いしつつも、文句ひとつ言いませんでした。

「みんな、夕ご飯の時間よ」

学生たちは、佐藤さんの声を聞くと、うれしそうにはしゃいで食堂に走ってきます。
食卓は、肉のいため物、野菜の天ぷら、トウモロコシなどの料理が山盛りにならんでいます。
「やった、おいしそう。いただきまーす！」
学生たちが皿に盛ら

れたおかずをたいらげて、ご飯をおかわりします。その光景を見ていた佐藤さんはうれしくて笑ってしまいました。

ところが、学生たちの食欲は予想以上で、食材が足りなくなってしまうことがわかりました。

「こまったわね、学生たちにはおなかいっぱい食べさせてあげたいし……」

翌日から、佐藤さんはロッヂ周辺の農家をたずね歩き、あまった野菜や果物を分けてもらうという苦肉の策に出たのです。

「発掘調査隊として宿泊している学生たちの食欲がすごくてね。おかずが足りないの。このおいしそうなトウモロコシを少し分けていただけませんか」

佐藤さんは何軒もの農家を回り、頭を下げてはトマト、ナス、きゅうりなど夏野菜をもらってきました。

佐藤さんは、次にお昼のお弁当も心配になり始めます。

（毎日、お弁当ばかりだとあきてしまうんじゃないかしら。夏の暑い昼、野菜やお肉たっぷりのカレーライスでも食べさせてあげたいけれど……）

松村社長と料理担当の砂村さんも、佐藤さんといっしょに考えました。

「アイデアはいいけれど、二十人分ものカレーをどうやって届けようか？」

山の中の発掘現場までは道路が通っていないため、車で入ることができないからです。

東さんと学生たちは車で行けるところまで行き、山の途中で下車します。そして、雑草が生いしげる獣道をかきわけて発掘現場まで歩いていたのです。

おなかを減らした学生たちにカレーライスを食べさせてあげたい、でも運ぶことができない、ということで、三人は難しい顔をしています。

「やっぱり無理ですかね」

佐藤さんがあきらめかけていると、松村社長がはっとひらめきました。

「いや、なんとかなるだろう。山の上から下りていけば！」

「山の上？」

佐藤さんと砂村さんは、ちょっと目をパチクリさせていました。

次の金曜日の朝、佐藤さんは午前四時半にロッヂに出勤すると、カレーづくりに精を出します。にんじん、じゃがいも、たまねぎ、豚肉がたっぷり入った栄養とボリューム満点のカレールーでした。

松村社長も二十人分のカレールーとライスを運ぶ方法を考えていました。

「天びん棒を使って、ステンレス製の寸銅鍋を両端に一つずつ吊って、運ぶのはどうだろうか」

「でも二十人分のルーとライスはかなりの重さですよ。大丈夫ですか？」

佐藤さんが心配そうに問いかけると、松村社長は胸を張ります。

「何を言っているのです。こう見えても私は力もちだよ、あっはは」

松村社長と佐藤さん、砂村さんの三人は、カレーライスのセットを車に乗せて、発掘現場の山側にある集落を目指します。わずか車一台がギリギリ通れるほどの林道を軽自動車で登っていくと、山の上で停めました。

社長はルーとライスを入れた二つの寸銅鍋を、天びん棒に吊るします。

社長は両肩にズシリと重さを感じつつ、両足を踏ん張っていました。

「まるで金魚売りみたいですね」

佐藤さんと砂村さんは大笑いしました。

カレーの天びん棒をかついだ社長に続いて、佐藤さんはカレーライスの容器、スプーンと福神漬などを包んだ大きな風呂敷を両腕でかかえていました。足元を確認しながらゆっくりと山を下りていきます。

無事に作業現場にたどり着いた社長のおでこからは汗が流れ、足元はフラフラになり、佐藤さんたちもTシャツがびっしょりぬれていました。

「みんな、今日のお昼は、カレーライスだよ、フーッ」

その言葉を聞いた学生たちは、地ひびきのような歓声をあげました。

「うぉー、今日はカレーライスだ！　最高！」

学生たちがカエルみたいにぴょんぴょんとはねて喜んでいます。

カレーライスもひとり大盛り二杯分を用意してきましたが、二つの鍋はあっという間に空っぽになってしまいました。

「社長、みんな喜んでいましたよ、よかったですね」

佐藤さんはなみだぐんでいました。

「うん、みんながあんなに喜んでくれるのだからね。来たかいがあったよ」

カレーを選んだ三人は、また山の斜面を必死になって戻っていたところ、佐藤さんが草むらの中に山菜のフキが生えているのを見つけました。

「あらっ、これは食べられるわ。つんでいきましょうよ」

山登りをしながら、三人はせっせと山菜採りにはげみました。山菜は、その日の夕食のおひたし、天ぷら、佃煮に調理されて食卓にならびました。

夕食前、学生たちは食堂にそろうと、

「今日のカレーライス、おいしかったです。元気をもらいました。ありがとうございました」

と、社長と佐藤さんたちにお礼を伝えました。

その日は、たまたま金曜日。

「カレーライス、また食べたいなあ……」

学生たちは、口々にうれしそうにお昼のカレーの話をしています。

「こんなにカレーを喜んでくれるなんてうれしいじゃないか。じゃあ、週に一回金曜日は、カレーおじさんとして、ひと踏ん張りするか！」

大笑いの松村社長と佐藤さんたちは、学生たちの笑顔を見て、金曜日はカレ

ーの日と決めたのです。

一週間後、汗だくの三人はまた山の上から獣道を下りて、カレーライスを発掘現場まで運びました。

## ダイヤモンドより恐竜の化石

こうして、地元の人たちに支えられながら、第一次恐竜化石発掘調査は、一九八九年から行われました。

勝山市北谷町の発掘現場は、四方が山に囲まれていて、まだ林道は拡張されていないため、岩壁をくずすための大きな重機を現場に入れることができませんでした。重機をあつかう作業員たちは、小型の砕岩機を背負って現場に入っていたのです。

七月の日中気温は、五十度まで上昇することもあり、ヘルメットをかぶる調査員たちのおでこや首筋からは汗が流れ落ちていました。

恐竜の骨の化石を発掘することを信じて、ハンマー隊は手作業でもくもくと石を割っていきます。

ある日、次の調査の打ち合わせのために石川県白峰村に行っていた東さんが現場に帰ってくると、

「東さん、こちらに来てください！」

と緊迫した様子で声をかけられました。

調査員の荒木哲治さんが岩壁にトカゲのようにへばりついてはなれません。

「どうした荒木くん、何か見つかったのか？」

東さんが息を切らしながらかけつけます。

「ここを見てください！　イグアノドンです！」

荒木さんが、化石らしき黒い場所を指しています。

「これは、……本当にイグアノドンの歯だ」

ついに、第一次発掘調査で恐竜の化石が見つかったのです。東さんの発言に、調査員や学生たちがざわつきます。

東さんと荒木さんは発掘した化石をノートにくわしく記録し、急いで県立博物館に持ち帰りました。

クリーニング作業で余分な石を取り除き、調べてみると、ヨーロッパで発見されているイグアノドンに似ていることがわかりました。

この歯の化石の恐竜には初めフクイリュウというニックネームが付けられました。そして二〇〇三年には、学術論文により、全長四・七メートルのイグアノドン類に属する草食恐竜の『フクイサウルス・テトリエンシス』（123ページ）と命名されて、新種の恐竜と認められました。

ある日のことです。佐藤さんは、ロッヂで東さんに何気なく聞いてみました。東さんたち発掘調査隊がここまで夢中になって作業し、採集した石や岩をとても大切にあつかっている姿を見て、疑問に思っていたことがあったのです。

「東さん、山の中から発掘した石たちなんですど、

そんなに大事なんですか？　これって、ダイヤモンドみたいな価値があるということですか？」

すると、東さんはとんでもないという風に答えました。

「何を言っているの！　ダイヤモンドなんか目じゃないですよ！　ダイヤモンドはひとりしか喜ばない！　でも恐竜の化石は、何十万という人が喜ぶんです！」

熱心に語る東さんの迫力に、佐藤さんはびっくりしました。

「そ、そうなんですか」

佐藤さんは、指輪やネックレスでキラキラと輝くダイヤモンドのほうがいいと思っていましたが、この後、大きな発見が続き、世間の注目を集めるようになると、東さんの言葉に納得できるようになりました。

調査員たちが、コツコツと地道な発掘を続けた結果、現場からは恐竜の歯や

骨の化石が約百個も発見され、クリーニング作業も進められました。

当時、日本各地で恐竜の骨化石は発見されていましたが、その数は日本中集めても約二十個にしかなりません。勝山市の手取層群が、どれだけ密集度が高い場所かがわかります。

一九九〇年四月、中国から恐竜化石の第一人者と言われる董枝明先生が調査のため福井県をおとずれます。董先生は中国科学院古脊椎動物・古人類研究所の教授で国際的にも著名な人物です。董先生は、北陸地方の手取層群や、かつて日本と中国は陸続きであったとする研究に関心をもっていて、調査のため来日したのです。

いわば、日本と中国との〝恐竜国際親善〟ともいえるでしょうか。

「ここ勝山市の手取層群は、中国の白亜紀の恐竜化石をふくむ地層との共通性があります」

董先生はこのように述べて、手取層群の恐竜に大きな関心を寄せるようになり、その後、何度もここをおとずれました。

一九九一年八月。第一次発掘調査、三年目の夏です。

東さんと調査員たちは、勝山市北谷町の現場で発掘作業をしていました。

「この骨は、なんでしょうかね」

関節の一部と思われる約一センチメートルの骨の化石を発見します。

後日、竹山憲市さんはクリーニング作業をしていて、ハッとしました。

「この骨は、恐竜の爪の部分ではないでしょうか」

知らせを受けた東さんは、かぎ爪の形をした化石を見ました。

「大きなかぎ爪だ。ドロマエオサウルス類特有の、後ろ足の第二指だろうか」

東さんと竹山さんは、おどろきとともに喜びの声をあげました。

その後、一九九五年からの第二次発掘調査でも発見は続きます。次々と発見される化石を、根気強くていねいにクリーニングしていきました。そうして、先に発見された大きなかぎ爪は、ドロマエオサウルス類の後ろ足ではなく、肉食恐竜のアロサウルスのなかまの前足のかぎ爪だと判明したのです。

やがて、バラバラに発見されたいくつかの個体の骨から、国内の肉食恐竜

として、初めて全身骨格が復元されたのです。二〇〇〇年、学術論文が認められ、日本でいちばん最初に正式な学名がつけられた恐竜となりました。『フクイラプトル・キタダニエンシス』（124ページ）です。

このころ、福井県は新しく恐竜博物館の建設を検討していました。

東さんは、主任学芸員となり、日本でただ一人、恐竜学で博士号を持つ〝恐竜博士〟でした。

「せっかく恐竜化石がどんどん出ているにもかかわらず、地質学や古生物学などの専門分野の専門家が自分以外にいない。学芸員を増やしてほしい……」

東さんは教育委員に相談します。

教育委員会は、地質学や古生物など専門分野の研究者の中からふさわしい人を探しました。そして、東北大学大学院で地学を専攻していた理学博士の野田芳和さん、筑波大学の大学院を修了した矢部淳さんが選ばれました。

「野田さん、矢部さん。よろしく、がんばっていこう」

東さんはふたりに会うと、恐竜博物館の展示物の構成、標本の配置、コンピューターの設置などの役割を任ってもらうともに、発掘調査も手伝ってもらうことを伝えました。その後、爬虫類、哺乳類などの研究者も採用され、発掘調査により力を注ぐことができるようになりました。

## 重機をあやつる神の手

二〇〇七年、夏。第三次発掘調査の準備作業中のことです。

このころになると、発掘現場に林道もつながり、パワーショベルなどの大型重機類を導入することができるようになりました。

オペレーターとして重機をあつかう大北久保建設の作業員、前川和弘さん

が現場に到着しました。

「今日も一日暑くなりそうだ」

朝からジリジリと照りつける太陽。作業員たちにとって厳しい暑さとの戦いが始まります。

前川さんは研究者ではありませんが、東さんたちといっしょに発掘調査に関わる、重要なメンバーのひとりでした。

重機を使った発掘は、独自の「層面法」という方法で行います。重機で岩石を大きく割り、化石をこわさないように、地層を一枚一枚はがすように取り出していくのです。

前川さんが重機をそうじゅうすると、まるで手のような繊細な動きができるので、前川さんは、調査員たちから〝ゴッドハンド〟と呼ばれていました。

「ちょっと早く、現場に着いてしまったなあ。作業開始まで時間があるけれど、

「仕事を始めちゃうか」
仕事熱心な前川さんは、ヘルメットをかぶり重機に乗りこむと、かたい岩を切りくずす作業を始めていました。
〝ガガガ、ガリガリ〟
「おやっ？　これまで見たことがない細長い岩のかたまりがあるぞ。木材のようだな。発掘のじゃまになってくるだろうから、削り出してよけておくか」

前川さんはつぶやきながら重機を注意深くそうじゅうし、長さ一メートルほどの木材のような岩をはがして横に置くと、別の作業を始めました。

作業開始の予定時間通りに、研究員の柴田正輝さんが、デコボコの林道を四輪駆動車でかけ上がってきました。

「おはようございます。もう作業されているのですか、すみません」

柴田さんが前川さんにあいさつをしました。

「おはようございます。そういえば、ついちょっと前に、見たことがない木材みたいな細長い岩のかたまりが見つかりました。じゃまになるといけないので削り出しておきましたよ」

前川さんが何気なしに伝えます。

「木材みたい？　細長い？　それはどこにあるのですか？」

柴田さんは質問をすると、重機のわきにポツンと置いてある、長さ一メートルほどの細長い岩のかたまりをのぞきこみました。

「これは……！」

柴田さんは目を見開いておどろきました。前川さんは、体がかたまって動かない柴田さんの姿を見て、重機のエンジンを止めて声をかけました。

「どうしたんですか？　この細長いかたまりが、何か？」

「どうしたもこうしたもないですよ、前川さん。これは大変な発見になるかもしれません」

「ええ？　発見？」

前川さんが発見した細長い岩のかたまりは、後日、クリーニングをした結果、草食恐竜竜脚類の上腕骨部分だということが判明しました。

柴田さんをはじめ調査隊は、上腕骨があった同じ地層から、ほかの部位が出てくるだろうと予測し、重点的に発掘に取りかかりました。

「やっぱり出てきたぞ、これは首の部分じゃないか」

「こっちにもあるぞ、これは脚か」

調査員たちの声がうわずり、笑顔がうかんでいます。

左上腕骨、右上腕骨、大腿骨、頸椎、肩甲骨、坐骨、腓骨、尾骨など、恐竜全身につながる骨の化石が次々と発掘されたのです。

二〇一〇年六月、東さんや柴田さんがまとめた学術論文が発表されると、日本で竜脚類として初めて学名がつけられ、『フクイティタン・ニッポネンシス』（125ページ）と決まりました。

さらに二〇〇七年の発掘調査では、小型獣脚類の骨化石が全身骨格の約八十パーセント、百七十点以上発見されました。二〇一六年には新種に認定され、学名『フクイベナートル・パラドクサス』（127ページ）とつけられたのです。

復元された全身骨格は全長約二・四五メートル、体重は約二十五キログラムと推定されています。

　次の年の二〇〇八年八月には、同じ個体のものと思われるイグアノドン類の骨化石が五点発見され、後に学名『コシサウルス・カツヤマ』（126ページ）とつけられました。フクイサウルスとはちがうイグアノドン類が発見されたことは、白亜紀当時のこの地が数種類のイグアノドン類がすむ、豊かな地であったことを意味し、一億二千万年前の環境を知る大きな手がかりとなりました。

　さらに、二〇一三年八月、国内最古となる鳥類骨格化石が発見され、二〇一九年に学名『フクイプテリクス・プリマ』（126ページ）とつけられました。

# 福井で発掘された恐竜リスト

2019年までの発掘調査で8種類の恐竜化石が見つかり、学名がつけられた新種の恐竜は鳥類も含め6種類です。

## フクイサウルス・テトリエンシス

**≪福井のトカゲ≫**

発　掘：1989年～
分　類：鳥盤目 鳥脚亜目 イグアノドン類
時　代：白亜紀前期（約1億2000万年前）
骨格全長：4.7メートル
発見部位：頭骨の一部、全身各所の骨

1989年から始まった発掘調査で発見された、イグアノドン類に属する草食恐竜。日本で発見された恐竜で初めて全身骨格が復元された。ふだんは2本脚で歩くが、4本脚でも歩くこともあった。

# フクイラプトル・キタダニエンシス

## ≪福井の略奪者≫

発　　掘：1991年～

分　　類：竜盤目 獣脚亜目

アロサウルス上科

時　　代：白亜紀前期

（約１億2000万年前）

骨格全長：4.2メートル

発見部位：あごの骨の一部、

前後手足の骨

2007年夏の第3次発掘調査の準備作業中に発見され、2010年、日本で最初に学名がつけられた竜脚類。原始的なティタノサウルス形類で、大きな体をがんじょうな４本脚でささえました。

アロサウルス上科に属する白亜紀前期の肉食恐竜。2000年、日本でいちばん最初に正式な学名がつけられた恐竜。手の大きなかぎづめや、走るのに適した長い脚が特徴。

# フクイティタン・ニッポネンシス

## ≪福井の巨人≫

発　　掘：2007年
分　　類：竜盤目 獣脚亜目 ティタノサウルス形類
時　　代：白亜紀前期（約１億2000万年前）
骨格全長：約10メートル
発見部位：歯、尾椎、左上腕骨、左腓骨、
　　　　　右中手骨、坐骨、右大腿骨など

## コシサウルス・カツヤマ

**≪越の国のトカゲ≫**

発　　掘：2008年
分　　類：鳥盤目 鳥脚亜目 イグアノドン類
時　　代：白亜紀前期（約１億2000万年前）
骨格全長：約3メートル
発見部位：上顎骨、軸椎、胴椎、恥骨、
　　　　　大腿骨の一部

2008年第3次発掘調査で見つかり、2015年に学名がつけられた。フクイサウルスよりも進化的な特徴がみられる。発掘された個体は、骨の組織から子どもだったことが分かった。

## フクイプテリクス・プリマ

**≪福井の翼≫**

発　　掘：2013年
分　　類：鳥翼類
時　　代：白亜紀前期（約１億2000万年前）
翼をひろげた長さ：約50cm
発見部位：ほぼ全身骨格

指が分かれ爪があるなど、白亜紀前期の鳥類としては最も原始的な特徴がある。

# フクイベナートル・パラドクサス

## ≪福井の狩人≫

発　　掘：2007年
分　　類：竜盤目 獣脚亜目
　　　　　マニラプトル形類
時　　代：白亜紀前期（約１億2000万年前）
骨格全長：約2.45メートル
発見部位：ほぼ全身骨格
　　　　　（8割にあたる170点以上の化石）

全長2.45メートル、体重25キログラムと推定される小型の獣脚類。原始的な恐竜の特徴と進化した恐竜のなかまの特徴の両方をもつ。歯は円すい形で鋸歯がないことなどから、雑食性の恐竜だったとみられる。

## オルニトミモサウルス類

発　　掘：2013年〜
発見部位：上腕骨、前足の末節骨
　　　　　（指先の骨）、中足骨
全　　長：約1.6メートルと推定。

2018年の発掘調査で見つかったオルニトミモサウルス類は「ダチョウ型恐竜」とも呼ばれ、後ろ足の長い恐竜。

## ヨロイ竜類

発　　掘：2018年〜
分　　類：ヨロイ竜下目 ノドサウスル科
発見部位：歯

ヨロイ竜類の化石では国内最古級のもの。

# 手取層群の恐竜たちが生きていた時代は……

この場所は河川の近くの湿地帯のようなところで、豊かな自然が広がっていました。フクイサウルスやコシサウルスの群れが植物を食べ、フクイティタンが長い首をいかして高い木の葉を食べていたでしょう。フクイラプトルがその群れをねらっていました。

# 発掘された化石はどうなるの？

福井県勝山市北谷の発掘現場。化石の発掘から博物館での展示までの流れを見てみよう。

## 発掘

化石を見つけたら、傷つけないように、そのまわりの岩ごと掘り出して保護します。

## クリーニング

博物館に持ち帰って、いろいろな機械を使って、まわりの余分な岩石をとりのぞきます。

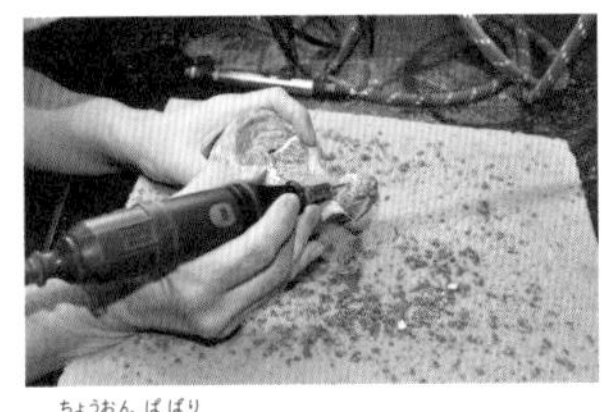
▲超音波針

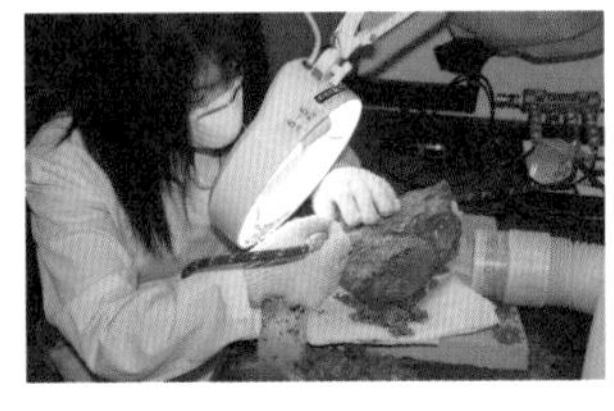
▲エアスクライバー

## 複製

実物の化石からシリコンで型を取り、研究や展示のためのレプリカ（複製）をつくります。

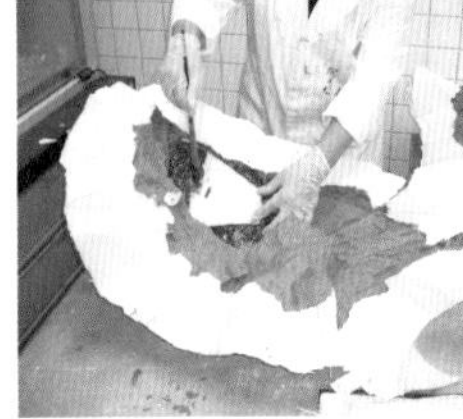

## 研究

化石にどのような特徴があるか、目で見るだけでなく、機械も使って調べます。

▲3Dスキャナ

▲CTスキャナ

写真提供／福井県立恐竜博物館

# 第五章　福井県知事と世界の恐竜博物館と

## 「本物」の恐竜の博物館を

　お話は、ここで時間を少しさかのぼり、一九九三年、十二月にもどります。

　福井県庁の知事室では、栗田幸雄知事と総務部の西村清司部長がテーブルをはさんで向かい合っていました。

「どのようなご用件でしょうか？」

「西村部長、昨年、富山県で開催された『ジャパンエキスポ富山』のように、ここ福井でも地方博覧会をやってみたいのです」

知事が真剣な表情で相談をしたのです。

「えっ？　福井で博覧会を開催するのですか？」

西村部長は一瞬、こまった顔をしました。

地方博覧会は、世界の国々が参加する国際的なもので、日本各地の産業や文化をしょうかいするものでした。

前年七月には、富山県の太閤山ランドで第一回「ジャパンエキスポ富山」が開催され、人気を博していました。

しかし西村部長は、他県で博覧会を開催して、利用者数が少なく経営面が悪化、県民から大批判をされた博覧会があったことも思い出し、心配したのです。

「知事、他県でもいろいろな博覧会を開催していますが、準備期間と多額の費用がかかります。しかも一時的にはブームや話題になりますが、結局、赤字が残ってしまいますよ」

「全国の人たちが福井をおとずれる機会にしたいのだよ」

西村部長は、知事の言葉に、ゆるぎない固い意志を感じたのです。

知事室を退席した西村部長は総務部にもどると、企画担当者にも声をかけました。

「知事から、地方博覧会を開催したいと相談、いや指示を受けた。来場者が来てよかったと思える、福井にしかないテーマを考えなければならない」

西村部長たちは会議を重ねて、多くのアイデアを出し合いました。

「勝山市で恐竜の骨の化石が発掘された話に注目が集まっています」

企画担当者は、西村部長に話しかけます。

「恐竜の博覧会は、どうでしょうか。今年の夏、スティーブン・スピルバーグ監督の映画『ジュラシック・パーク』が公開されて話題もよびました」

西村部長はこれらの意見を企画にまとめ、また知事室へ向かいました。

「何か、いいアイデアは見つかりましたか？」

　知事はイスに腰かけたまま、問いかけました。

「勝山市で発見された恐竜をテーマにした博覧会を考えました。博覧会で恐竜関連の展示物を見せるメインテーマ館は、博覧会終了後、専門の恐竜博物館として利用します。ひとときのブームで終わらせず、『本物』にこだわり、日本だけではなく、アジアの恐竜研究の拠点にしてはどうでしょうか」

　西村部長は、知事にこうアイデアを伝えました。

「恐竜？　博物館？　そうか！　福井は恐竜の化石の産出地だ！」

　知事の目がかがやき、頭の中では、「恐竜博覧会」と「恐竜博物館」という二大プロジェクトの実現に向けての考えがふくらみました。そして、このプロジェクトの中心人物として、恐竜の骨の化石を発掘した県立博物館の学芸員、東洋一さんの顔がパッとうかんだのです。

そのころ、東さんは、古代ワニの全身骨格から、フクイサウルスの歯やフクイラプトルの骨、恐竜足跡化石の発掘に関わり、新たな恐竜研究に力を注ぐ、いそがしい日々を送っていました。

数日後。

知事は、東さんと知事室で真剣な顔で向かい合っていました。

「恐竜だけの博物館をつくりたいと考えています」

知事は口を開くと、新しい恐竜博物館の構想を切り出したのです。

「新しい恐竜博物館をつくるより、私が勤めている県立博物館の地質・古生物の専門分野のスペースを広げていただきたいと思います」

東さんは、素直な気持ちを述べました。

「いや、恐竜専門の博物館だからこそ、価値があるのではないですか？」

知事もたんたんと話します。

「お気持ちはわかりますが、中途半端なものをつくるのでしたら、今までの県立博物館の増築で十分ではないでしょうか」

東さんは、自分が働く県立博物館の研究設備さえも十分には整っていないことに不満をもっていたのです。

「増築ではだめなんです。専門の恐竜博物館完成と合わせて、恐竜博覧会も開催したいと考えています。こちらも合わせて、ひとつたのみます」

知事は、念願の博覧会と恐竜博物館への思いを伝えました。東さんは、恐竜博物館をつくりたいという知事の強い気持ちに、胸を打たれました。

知事室を出ると、東さんは、西村部長から声をかけられます。

「東さん、恐竜博物館をつくるならば、子どもから大人が楽しめる、そして、恐竜の専門家、研究者たちがおとずれてみたくなるような『本物』にこだわった博物館をつくってください」

「わかりました。実現してみせましょう」

一九九五年七月、福井県は、「恐竜博物館」の開館と「恐竜エキスポふくい」の開催を五年後に目指すことを決めました。

そして翌年、恐竜博物館建設準備委員会を設置すると、責任者は、県立博物館の学芸員だった東洋一さんに決まりました。

（恐竜博物館を作るために、全身全霊をつくさなければならない……）

東さんは、一九九七年から恐竜博物館建設準備のため、県教育委員会文化課に兼務となり、県庁土木部、建築設計事務所、展示設計会社や数多くのスタッフも交えて会議を重ねました。恐竜博物館をどこに建てるかをめぐっては、福井県の各市町村から問い合わせや誘致活動の声があがります。

そのひとり、勝山市の今井三右衛門市長からも強い要望がありました。

「勝山市は、ワニの全身骨格に始まり、多くの恐竜の化石が発掘された場所です。現場に近い、勝山市の長尾山総合公園に博物館の建設をお願いしたい」

　勝山市が土地を提供してくれることで、恐竜博物館の建設地は、長尾山総合公園に決まります。

「恐竜が発掘された勝山市にこそ、恐竜博物館を建てる価値がある」

　栗田知事もまた、恐竜博物館が勝山市にできることを喜んでいました。

　そして、恐竜博物館の建築は、世界的に有名な黒川紀章建築都市設計事務所が設計することとなりました。

## フクイって、どこですか？

「全然足りない。これでは『恐竜の世界』とは、とても言えない。標本を探しに行かなければ」

東さんは、かたい表情をうかべていました。博物館の展示室に恐竜の骨格標本を並べる『恐竜の世界』の案がうかびますが、実際に展示できる恐竜の化石標本がありません。これまで福井県で発掘した、ワニの全身骨格と恐竜のフクイサウルス、フクイラプトルしかないため、海外の恐竜博物館から化石標本を買い付けてくるか、レプリカを作製（複製）するしかありませんでした。

東さんは恐竜の骨を海外で買い付けるためにすぐに動き出しますが、恐竜博物館の開館まで、あとわずか三年しか時間が残っていなかったのです。

東さんが研究員たちと共に最初におとずれたのは中国でした。中国といっても広く、雲南省、四川省、北京、江蘇省、浙江省、重慶、遼寧省、内モンゴルなど、恐竜の化石を展示している博物館を何度もおとずれます。

「私たちは、日本の福井県の博物館の学芸員です。こちらの恐竜の全身骨格の化石を売ってくれませんか」

ところが中国は、実物の化石標本を売ってくれません。そのため、東さんは中国科学院の董枝明先生の協力を得て、恐竜骨格のレプリカをつくることにしました。化石標本を借りて北京の博物館でレプリカをつくり、船で日本に運ぶという方法でした。レプリカで、白亜紀やジュラ紀からの恐竜、約三十体分が入手できました。

それでも東さんは満足せず、次はヨーロッパへ買い付けに行きます。同行者は、国立科学博物館の研究者・冨田幸光博士で、訪問先の研究者に知人が多く、また英語が堪能で通訳も務められる、心強い存在でした。

イギリス、フランス、ドイツの博物館の対応は、最初は冷たいものでした。

「私たちは、日本の福井県から来た研究者です」

東さんたちが博物館の学芸員に説明をします。

「フクイってどこですか？」

外国の博物館の学芸員や研究者は、福井県の位置がまったくわかりません。

「京都から電車で約一時間の場所です」

それでも答えは同じです。

「キョウトは知っているけれど、フクイは知らない」

まだ日本の名前がついた恐竜はなく、学術論文も書かれていなかったので福井県が無名に近いのはしかたがないことでした。

ドイツのゼンケンベルク博物館に展示されていた『エドモントサウルスのミイラ化石』のレプリカ作製の許可を申請したときのことです。

「ミイラの化石の標本はもろく、コンクリートで床に固定してあるので許可できません」

と、ゼンケンベルク博物館側は、首をたてにふってくれませんでした。それでも東さんたちはあきらめず、翌年ふたたび同館をおとずれます。熱意を伝え、ねばり強く話し合った結果、ようやくレプリカをつくる許可をもらうことができたのです。

ほかにも、アメリカ・韓国・カナダなど世界中を飛び回り、『恐竜の世界』の展示のために集めた恐竜全身骨格は、三十四体（二〇二〇年現在＝四十四体）となりました。

## 世界最大級の恐竜博物館、誕生

二〇〇〇年七月十四日。青空の下、『福井県立恐竜博物館』は、日本最大の恐竜化石発掘現場のある勝山市にオープンしました。

地質学・古生物学に関する研究者、学生ボランティア、大学、標本業者、世

界の博物館、宿泊施設社長とスタッフ、土木建設業者、県庁職員、勝山市職員、県民ら、多くの人々の協力に支えられて生まれた博物館です。

午前十時、開館記念式典が行われる館前の広場では、すでに二千人の来場者が目をかがやかせて開場を待っていました。

式典会場は、栗田幸雄福井県知事をはじめ、初代の館長に就任した濱田隆士博士、今井三右衛門勝山市長らの十名がテープカットをするために立っていました。その中に、十八年前に桑島化石壁で恐竜の歯の化石を発見した、松田亜規さんの姿もありました。開館の取材に来ていた新聞記者がたずねます。

「松田さんの拾った化石がきっかけです。今日のお気持ちは？」

「すごい博物館ですね、夏休みには子どもたちを連れてきたいです」

松田さんは少し照れながらインタビューに答えます。松田さんは、このとき三人の子どもの母親になっていました。

栗田知事は、開館記念式典を終え、次の公務に向かう前に足を止めました。

「東くん！」

知事は、大きな声で呼びかけたのです。

「はい、知事、なんでしょうか」

東さんは小走りで近寄ります。

「すばらしい恐竜博物館になった。君のおかげだよ。本当にありがとう」

知事は、東さんの肩に手を回して、力強く体をだきしめたのです。

「知事、うれしいです」

東さんは胸がいっぱいになり、思わずなみだがこみあげてきました。

福井県立恐竜博物館は、ドーム型の常設展示室をもち、その展示面積は、四千五百平方メートル。建物を支える柱が一本もない無柱空間になっていました。世界中から集められた、あわせて大小三十五体の恐竜の全身骨格が展示さ

れ、そのうち六体は実物の骨格化石でした。

「恐竜のくらし・からだ」コーナーでは、恐竜が生まれてくる様子や食べていたものなどについてしょうかいされています。

また、巨大ジオラマや対面スクリーンのダイノシアターでは、恐竜時代を体感することができます。

来館者は、化石クリーニング室で作業員がペン型掘削機を使って化石についた岩石や植物片を取り除く様子を間近に見ることもできます。

博物館のバックヤードは、二千平方メートルものスペースがあり、標本の収蔵庫や実験室、研究図書館、情報処理室などが設置されていました。

開館記念式典には、世界各国から有名な六名の恐竜学者が来館しました。カナダ・ロイヤル・ティレル古生物博物館恐竜研究部長のフィリップ・カリー博士、エバ・コッペラス博士、中国科学院脊椎動物・古人類研究所の董枝明教授、アメリカの古脊椎動物学会の会長を務めていたルイス・ジェイコブス博士、モンゴル科学アカデミー古生物学研究センター所長のリンチェン・バルスボルト博士、韓国ソウル国立大学で古生物学を専門とする恐竜研究の第一人者、李隆濫博士。六名は福井県立恐竜博物館を視察し、口々に絶賛しました。

のちに、この福井県立恐竜博物館は、カナダのロイヤル・ティレル古生物博物館と中国の自貢恐竜博物館とならび、『世界三大恐竜博物館』のひとつとよばれるようになります。

県立恐竜博物館が開館した翌週の七月十九日、同じく長尾山総合公園内で「恐竜エキスポふくい2000」が開催され、六十日間で約八十万人が来場します。こうして〝恐竜王国・福井〟が全国的に知られるようになり、大成功の幕開けとなりました。

開館から九年後の二〇〇九年四月、東洋一さんは、福井県立恐竜博物館の五代目の館長に就任しました。

「恐竜を楽しみに来てくれるお客さんたちのためにも、本物の専門的な恐竜学の世界も伝えるべきではないか」

東館長は、職員や研究者たちの前で、意見を述べました。

そして、人気の高い恐竜・ティラノサウルスの、四分の三の大きさをリアルに再現した、動くロボットを設置したり、アメリカからカマラサウルスの標本を二億五千万円で購入するなど、新たな展示物にも力を注ぎます。好奇心をくすぐる工夫がいっぱいの展示は話題となり、来場者は増えていきました。

また、東さんは、恐竜学研究をさらにレベルアップさせて、国際的な活動を広げていくために、二〇一三年、福井県立大学に『恐竜学研究所』を開設し、所長兼教授にも就任しました。

## 野外恐竜博物館のナビゲーター

二〇一二年、四月中旬。

福井県の奥越前の山々は、まだ残雪で白くおおわれています。その山のふもとを流れる九頭竜川右岸に、一・五キロメートルほど続く弁天桜並木で、約四五〇本のソメイヨシノのピンクの花びらが、満開に咲いていました。

「いままでは、越前がに、お米など特産物をあつかっていたけれど、今度は恐竜か。新たな挑戦になるな……」

竹内利寿さんは、福井県庁の農林水産部から福井県立恐竜博物館の七代目の新たな館長に就任しました。

このころ、実際の発掘現場のすぐとなりに、『野外恐竜博物館』を建設し

ているところでした。

野外恐竜博物館は、恐竜博物館本館発の専用バスで行き、「観察広場」「展示場」「化石発掘体験広場」の３つのゾーンに分けて、体験をしてもらう施設にしようと考えられていました。

「観察広場」は、実際の恐竜化石発掘現場を間近に見学できて、ナビゲーターから恐竜が眠っていた地層の解説を聞くことができるようになります。「展示場」には、実際に発見された化石の展示や、発掘調査の工程や歴史の解説があります。

そして、何よりも「化石発掘体験」では、実際に発掘している現場から運びこまれた石を割ってみることができるのです。来場者は臨時調査員となって本物の調査員と同じようにハンマーとタガネを使い、石をたたきます。博物館の研究員に、出てきた化石の解説をしてもらうことができ、もしも、歯や骨の化石が発見できた場合は、恐竜博物館で研究に用いられます。

「あそこが、古代ワニや恐竜の化石を発掘した場所か。まさに目の前にあって、臨場感も味わうことができる」

ヘルメットをかぶった竹内館長は、ほかのスタッフたちといっしょに、建設中の現場を見学していました。

「二年後の夏、『野外恐竜博物館』がオープンする。来場者に体感して楽しんでもらうためには、ここが特別な場所であることを楽しくわかりやすく伝えてくれる語り手が必要だ」

竹内館長は、世界最高峰のアトラクションやショー、エンターテインメントで絶大なる人気をほこるユニバーサル・スタジオ・ジャパン（USJ）から講師を呼んで、ナビゲーターの研修に取り組み始めました。

研修の中でナビゲーターたちは、案内や解説を行う際の一流の「表現力」や

ます。

「伝える力」を身につけていきました。

そして、二〇一四年七月十九日、ついに『野外恐竜博物館』がオープンしました。

親子連れやカップル、友人同士を乗せた専用バスは、県立恐竜博物館本館を出発して、山深く入っていきます。

バスの中では、ナビゲーターが身ぶり手ぶりをしながら、元気な声であいさつをします。

「みなさーん、こんにちは。本日、みなさんの化石発掘体験ツアーのナビゲーターを務めます、みっちーです。どうぞ、よろしくお願いします」

乗車するお客さんたちから大きな拍手がわきます。

「これからご案内する『野外恐竜博物館』は、一般の人や車が入れない特別な場所にあります。今日は、みなさんには、研究員になってもらい、発掘調査

を手伝っていただきます。あれっ？　あの標識は何でしょうか？」

専用バスは、くねくねした坂道をゆっくり進みます。

「あっ？　恐竜の標識！」

小学生の男の子が見つけた道路標識には、恐竜の絵が書いてありました。

「あの恐竜、何だかわかる人？」

ナビゲーターが問いかけます。

「フクイラプトル！」

「よく知ってますね、正解です。恐竜博士ですか？」

バスのお客さんたちは全員笑みをうかべています。ナビゲーターの話術で、すっかり恐竜ワールドに引きこまれていきました。

二十分後、バスは、『野外恐竜博物館』に到着。実際に発掘作業をしている現場は目の前です。

「みなさん、あの化石発掘現場は、テトリワニからカメ、恐竜のフクイサウルス、フクイラプトル、フクイティタン、コシサウルス、フクイベナートルの骨化石が発見された、まさにその場所です。きっとまだまだ恐竜が眠っている地層なんです」

ナビゲーターが説明をします。

「ええっ、本当？　あそこからフクイラプトルが発見されたんだ」

世界でここだけの道路標識が、野外恐竜博物館へ行く道中に現れる。

「この場所を恐竜が歩いていたってことでしょ。すごーい！」

子どもたちだけでなく、大人たちまで身を乗り出すように見つめていました。

化石発掘現場では、オペーレーターがパワーショベルブレーカーなどの重機を操作し、ハンマー隊はしゃがみこんで石を割る作業をしています。

「さあそれでは、あそこから運ばれた石で実際に発掘体験をしてみましょう」

博物館の研究員が、笑顔で声をかけてきます。

「みなさんにはこれから、臨時の発掘調査員になっていただきます。もしかすると恐竜や貴重な生き物の化石が発見されるかもしれません。そのときは恐竜博物館でお名前といっしょに保管させていただきます」

ツアー参加者は、すっかり発掘調査員の気分です。ゴーグルと軍手を身につけると、ハンマーとタガネを手にして、足元に転がっている大小さまざまな形の石を割り始めます。

「この黒いキラキラしたのは何ですか？」

男の子は、研究員に石を見せてたずねます。

「うーん、これは植物の化石かな。一億二千万年前のものですよ」

「うわぁ、すごい……！」

みんなは夢中になって石と向き合う楽しい時間を過ごしています。

二〇二〇年。
福井県立恐竜博物館は開館から二十周年をむかえます。七十歳となる東洋一さんは、しみじみとふり返ります。
「恐竜調査開始から三十年、博物館開館から二十年、あっという間の出来事でした。この間に、福井県勝山市北谷町の一か所の発掘現場から、鳥をふくむ六種類の恐竜が命名できました。また、恐竜博物館の入館者数は予想をはるかに超え、年間九十万人以上の来客を達成できました。そして、福井県立大学に恐竜学研究所を開設し、大学院もできました。まさに学芸員冥利につきる、この一言です」

さらに、これからの福井県立恐竜博物館への期待を語りました。

「より一層の発掘調査を進めて、さらにくわしい恐竜時代の復元を目指すとともに、恐竜時代のジオラマ展示を実現させ、さらに充実した研究博物館を完成してほしいと願っています」

最後に、東さんは、子どもたちにこんなメッセージをくれました。

「恐竜だけでなく、恐竜のすんでいた時代全体に興味をもってみてほしいですね。そのためには、ちょっと難しいかもしれませんが、何か疑問をもつことから始めてはどうでしょうか。『なんだろう？』と疑問をもつことです。そして、その疑問を追跡していく。そのためには調査が必要となり、博物館などへ行って聞いてみることになるでしょう。そのひとつひとつが、問題解決能力につながると思うのです」

未来をになう子どもたちが新しい発見を求めて、今日も、『本物』の恐竜博物館へやってきます。（了）

# 年表

| 西暦 | 和暦 | できごと |
| --- | --- | --- |
| 1949年 | 昭和24年 | 東洋一さん、広島県呉市で誕生。 |
| 1950年 | 昭和25年 | 東京大学・小林貞一教授らが石川県の手取層群には、恐竜化石が産出する可能性ありと予測。しかし、以後、三十二年間発見されず。 |
| 1959年 | 昭和34年 | 東さん、十歳。小学五年生。広島県庄原市の西城川での初めての化石採集で、クジラの化石を拾う。 |
| 1968年 | 昭和43年 | 松田亜規さん、福井県鯖江市で誕生。 |
| 1969年 | 昭和44年 | 東さん、福井大学教育学部入学。地質学を専攻。 |
| 1973年 | 昭和48年 | 東さん、福井大学教育学部地学教室教務員として就職。 |
| 1974年 | 昭和54年 | 東さん、福井県朝日町の朝日小学校で、二年間、高学年の教師として教壇に立つ。 |
| 1981年 | 昭和56年 | 東さん、福井県教育委員会文化課から福井県立博物館の開館準備のため、学芸員要員として採用される。 |
| 1982年 | 昭和57年 | 中学二年生の松田亜規さん、家族で石川県白峰村の桑島化石壁へ。恐竜の歯化石と知らず石を拾う。<br>東さん、福井県勝山市北谷町で古代ワニを発掘。 |
| 1984年 | 昭和59年 | 福井県立博物館開館。 |
| 1985年 | 昭和60年 | 亜規さんが三年前に拾ったなぞの化石を預けられた、しんせきの杉井佳慧子さん、奈緒美さんが、「名前をつける会」に持ちこみ、調べてもらう。<br>横浜国立大学に化石を鑑定依頼。亜規さんの石は、恐竜の歯の化石と鑑定。 |
| 1986年 | 昭和61年 | 東さんと高校三年生の亜規さんは「恐竜の歯」発見者として、記者会見。<br>東さんら調査員は、石川県白峰村役場と話し合い、合同調査を開始する。 |
| 1988年 | 昭和63年 | 東さんら調査団は、福井県勝山市北谷町で、三日間の予備調査を行う。 |


○「恐竜をさがせ！②恐竜のなかま研究室」平山廉監修／偕成社
○「きょうりゅうとおおむかしのいきもの」
無藤隆総監修／フレーベル館
○「図説 恐竜の時代」ティム・ヘインズ著／岩崎書店
○「絶滅の大研究」磯崎行雄監修／PHP研究所
○「こども百科4・5・6歳のずかんえほん きょうりゅうの本」
真鍋真監修／講談社
○「日本の恐竜図鑑：じつは恐竜王国日本列島」
宇都宮聡・川崎悟司著／築地書館
○「ジュラ紀の生物」土屋健著／技術評論社
○「恐竜の教科書：最新研究で読み解く進化の謎」ダレン・ナイシュ著
○「恐竜がいた地球 2億5000万年の旅にGO!」ナショナルジオグラフィック編／日経ナショナルジオグラフィック社
○「楽しい日本の恐竜案内（別冊太陽 太陽の地図帖35）」
石垣忍・林昭次監修／平凡社
○「そして恐竜は鳥になった：最新研究で迫る進化の謎」
土屋健著・小林快次監修／誠文堂新光社
○「世界に誇る！ 恐竜王国 日本」宝島社
○「恐竜の骨をよむ 古脊椎動物学の世界」
犬塚則久著／講談社学術文庫

| | | |
|---|---|---|
| | | 肉食恐竜の歯を大小二本発見。 |
| 1989年 | 平成元年 | 五カ年計画で、第一次発掘調査開始。 |
| | | 草食恐竜「フクイサウルス（歯）」発見。 |
| 1991年 | 平成3年 | 肉食恐竜「フクイラプトル（末節骨）」発見。 |
| 1994年 | 平成6年 | 日本産恐竜で初のフクイサウルス全身恐竜骨格復元。 |
| 1995年 | 平成7年 | 第二次発掘調査開始。 |
| 2000年 | 平成12年 | 7月14日「福井県立恐竜博物館」開館。 |
| | | 「フクイラプトル」全身骨格復元。 |
| | | 7月19日「恐竜エキスポふくい2000」開幕。 |
| 2007年 | 平成19年 | 第三次発掘調査開始。 |
| | | 「フクイティタン」「フクイベナートル」発見。 |
| 2008年 | 平成20年 | 「コシサウルス」発見。世界三大恐竜博物館のひとつといわれる、 |
| | | 中国の自貢恐竜博物館と姉妹提携。 |
| 2010年 | 平成22年 | アメリカ・カーネギー自然史博物館と姉妹提携。 |
| 2013年 | 平成25年 | 福井県立大学に恐竜学研究所開設。 |
| | | 第四次発掘調査開始。「オルニトミモサウルス類」発見。 |
| | | 「フクイプテリクス」発見。 |
| 2014年 | 平成26年 | 野外恐竜博物館オープン。 |
| 2015年 | 平成27年 | 福井県大野市と化石の共同調査等に関する協定締結。 |
| 2017年 | 平成29年 | 国内最古の「ヨロイ竜の歯」発見。恐竜化石とその発掘現場が国の天然記念物に指定。 |
| 2018年 | 平成30年 | 福井県立大学に古生物学領域設置・大学院教育開始。 |
| 2020年 | 令和2年 | 福井県立恐竜博物館、二〇周年。 |

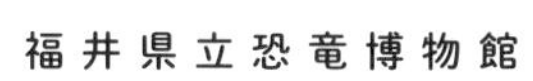


福井県勝山市村岡町寺尾51-11
TEL:0779-88-0001
https://www.dinosaur.pref.fukui.jp

## 参考文献リスト


○「手取層群の恐竜」福井県立博物館
○「小学館の図鑑NEO 恐竜 DVD付」冨田幸光監修／小学館
○「真実一路 ふるさと福井と歩んだ道」
栗田幸雄著／ウララコミュニケーションズ
○「日本経済新聞」1996年３月11日～15日夕刊「人間発見」
○「福井新聞」1986年４月５日付朝刊
○「福井新聞」1988年10月12日付朝刊
○「福井新聞 縮刷版」2000年５月～８月
○「日刊福井」1986年４月５日付
※本文中の記事・写真は、福井新聞社、中日新聞社の許諾を得て転載しています。
○「21世紀こども百科 恐竜館」小学館
○「これだけは知っておきたい⑤恐竜の大常識」
小畠郁生監修／ポプラ社
○「面白いほどよくわかる恐竜」小畠郁生監修／日本文芸社
○「最新！ 最強！ ティラノサウルス」真鍋真監修／学習研究社
○「恐竜研究所へようこそ」林原自然科学博物館著／童心社
○「なぜ？どうして？恐竜図鑑」平山廉監修／PHP研究所
○「僕は恐竜探検家！」小林快次著／講談社
○「恐竜の世界」真鍋真監修／学研
○「WONDA 恐竜」真鍋真監修／ポプラ社
○「恐竜をさがせ！①恐竜の時代研究室」平山廉監修／偕成社

# あとがき

「福井県立恐竜博物館の誕生秘話を書いてみたい！」

　私の気持ちを奮い立たせたのは、知り合いの福井県出身の編集者です。彼女はあまりにも楽しそうに福井の恐竜博物館の話をするものですから、私はすごく気になってしまい、調べてみたのです。

　二〇一九年、福井県立恐竜博物館は開館十九年目を迎え、年間の利用者数は90万人を超えるほどの人気を博していました。この恐竜博物館は、本格的な発掘・研究施設を備えており、現在日本で見つかっている恐竜の骨化石のなんと8割が、この福井県勝山市産ということで、日本一の恐竜博物館といえます。なによりも私は、この博物館ができるきっかけになったエピソードに関心を持ちました。

　初夏、私と編集者は、本書の主人公となる恐竜学者・東洋一さんに会うため、福井県へ向かいました。東さんは、福井県立恐竜博物館の特別館長のほかにも、福井県立大学恐竜学研究所で所長兼教授を勤めていました。最初にお会いした場所は、大学の恐竜学研究所の研究室でした。

　研究室は、恐竜に関する図鑑や文献、資料が所狭しと置かれ、書棚には恐竜の骨格標本や発掘調査に使用するヘルメットやゴーグル、ハンマーやタガネなどの道具が置いてありました。

　しばらくして、ひとりの女性が研究室に入室してきます。日本海側で肉食恐竜の歯の化石を最初に発見した人物、松田亜規さんでした。東さんは、私たちの取材のために松田さんに連絡をとってくださっていたのです。

「やあ、亜規さん。十五年ぶりになるかな？」

と東さんがうれしそうに話しかけていました。

そのあとさらに、本文でも登場する荒木哲治さんが研究室にかけつけてくださり、三人そろってなつかしい思い出話で盛り上がりました。お話を伺っているうちに、小さな石の大きな可能性にかけた人々の実話を本にしたい、と改めて強く感じました。

福井県に何度も通い取材を続けていくと、この恐竜博物館は本当に多くの方々に支えられて誕生したことがわかりました。

ウララコミュニケーションズの千葉匡さんをはじめ、取材にご協力いただいたにも関わらず、お名前が本文中に登場していない方もおられます。この場を借りて、心から感謝を申し上げます。

最後に、福井県立恐竜博物館で出会い、好きになった恐竜を紹介します。『フクイベナートル・パラドクサス』です。このかわいい恐竜は、バランス感覚と聴力が優れているそうです。あれっ？　聴力って、まるで記者の取材力（＝聴く力）と同じじゃないか！　と共通する部分を感じ、親近感を覚えました。

本書をまとめるにあたって、素敵なまんがを描いてくださった漫画家のあさだみほさん、リアルな恐竜画を描いてくださった画家の山本匠さん、小学館の田中明子さんに、心から御礼を申し上げます。

二〇二〇年（令和二年）二月　祓川　学

# 恐竜ガールと情熱博士と

福井県立恐竜博物館誕生秘話

2020年2月19日　初版　第1刷発行
2024年7月17日　　　　第2刷発行

著 ---------- 祓川 学 ©Manabu Haraikawa

発行者 -------- 野村敦司

発行所 -------- 株式会社　小学館
〒101-8001 東京都千代田区一ツ橋2-3-1
https://www.shogakukan.co.jp
電話　編集03-3230-5625／販売03-5281-3555

印刷所 -------- 共同印刷株式会社

製本所 -------- 株式会社若林製本工場

監修 ---------- 福井県立恐竜博物館

恐竜イラスト ---- 山本 匠（表紙、p123～p129）
吉田雅則（神戸芸術工科大学）（p126 フクイプテリクス）
荒木一成（p127 オルニトミモサウルス類、ヨロイ竜類）

まんがと挿絵 ---- あさだみほ（表紙、p3～p18、p83～p90）

ブックデザイン --- 荘司哲郎（SALIDAS）

ISBN978-4-09-227220-0